葡萄产地环境土壤质量与果实品质评价技术及应用

庞荣丽　郭琳琳　成　昕　赵丽君　谢汉忠　等　著

黄河水利出版社
· 郑　州 ·

内 容 提 要

本书以W市葡萄为例,探索了葡萄产地环境土壤质量及果实品质评价技术,从适宜生长角度,对比我国土壤分级指标及葡萄生长适宜范围,对葡萄生长适宜性做出评估,参照《绿色食品 产地环境质量》标准,对土壤基本肥力进行分级划定,并给出可持续发展绿色食品的合理建议。从安全生产角度,对照《土壤环境质量 农用地土壤污染风险管控标准(试行)》要求,对葡萄产地环境土壤污染风险进行分类评价,并给出合理利用及安全生产建议,对照《绿色食品 产地环境质量》要求,对葡萄产地环境土壤质量安全做出评价,并对种植业绿色食品的适宜性给出建议。从营养品质角度,对比营养成分参考值,综合评价葡萄营养品质独特性,确定其主要营养成分组成,分析葡萄营养品质优势,筛选综合品质优的葡萄品种,并结合生长环境、种植管理特点找出W市特色葡萄形成原因。

本书兼具理论性、资料性及实践性,可供高校、科研单位、生产企业科研人员及相关技术部门的专业技术人员使用。

图书在版编目(CIP)数据

葡萄产地环境土壤质量与果实品质评价技术及应用/庞荣丽等著.—郑州:黄河水利出版社,2023.6

ISBN 978-7-5509-3607-2

Ⅰ.①葡… Ⅱ.①庞… Ⅲ.①葡萄栽培-土壤管理 Ⅳ.①S663.106

中国国家版本馆CIP数据核字(2023)第115582号

组稿编辑 王志宽 电话:0371-66024331 E-mail:278773941@qq.com

责任编辑 景泽龙 责任校对 张彩霞

封面设计 张心怡 责任监制 常红昕

出版发行 黄河水利出版社

地址:河南省郑州市顺河路49号 邮政编码:450003

网址:www.yrcp.com E-mail:hhslcbs@126.com

发行部电话:0371-66020550

承印单位 河南新华印刷集团有限公司

开 本 787 mm×1 092 mm 1/16

印 张 11.5

字 数 273千字

版次印次 2023年6月第1版 2023年6月第1次印刷

定 价 98.00元

本书作者

（按姓氏笔画排序）

马文斌	马睿晗	王伯琛	王彩霞	王瑞萍
田发军	成　昕	乔成奎	任　璐	孙永乐
芦俊锋	李　君	李世华	吴　娜	张　竞
张颖杰	张靖宇	庞　涛	庞荣丽	赵丽君
姚好朵	袁国军	格根图亚	党琪	高裕山
郭琳琳	郭燕玲	谢汉忠	慕晓光	潘芳芳
魏炳淑				

前　言

葡萄原产于亚洲西部，在世界各地均有栽培，是全球温带地区尤其是北温带地区大量种植的主产水果之一，不仅味美可口，而且营养价值很高，深受人们喜爱。我国葡萄已有几千年的栽培历史，2021 年种植面积为 78.3 万 hm^2，位居世界第三，产量为 1 499.8 万 t，位居世界第一。W 市地处我国葡萄优势产区，春秋季短，冬夏季长，昼夜温差大，日照时间长，可见光照资源丰富，是发展高效农业资源最充足的地区之一。土壤是葡萄等果树生产的基础，果园土壤基本理化性状及养分状况直接影响到产量及品质提升和果园的可持续生产，而土壤中重金属元素则会影响到产品的食用安全性，由此可见，开展葡萄产地环境土壤质量与果实品质评价技术研究意义重大。

独特的地理环境孕育了独特的葡萄产品，为贯彻国家乡村振兴、绿色高质量发展等国家战略，全面掌握葡萄产品及产地环境质量安全状况，保障葡萄产品质量安全全程控制，做到过程可追溯、安全可控制、质量有保障、消费者能信赖、市场有竞争力，助力葡萄产业发展，最终实现果业增效，本书作者近年来围绕葡萄等果品产地环境土壤健康条件监测及葡萄等果品品质评价技术等开展了系统研究，集成的评价技术在主产区进行应用过程中，积累了大量的一手资料，为了让这些成果为社会共享，作者以 W 市葡萄为实例，将这些成果整理撰写成书并出版，以期为果品产业发展提供参考。本书共四章，第 1 章着重阐述了葡萄的营养功能、种植现状，指出了开展葡萄产地环境土壤质量与果实品质评价的必要性等。第 2 章主要利用描述统计的方法，对葡萄果园土壤 pH 值、全氮、有效磷、速效钾等基本肥力指标的含量、变异程度及其分布形态进行分析；按照我国第二次土壤普查分级标准，对葡萄果园土壤基本肥力状况进行分级评价；对比葡萄生长适宜范围，对葡萄生长适宜性做出评估；参照《绿色食品 产地环境质量》（NY/T 391—2021）及《绿色食品 产地环境调查、监测与评价规范》（NY/T 1054—2021），对葡萄果园土壤基本肥力进行分级划定，并给出可持续发展绿色食品的合理施肥建议。第 3 章从安全生产角度，采用描述统计的方法，对葡萄果园土壤中重金属含量水平、变异程度及分布形态进行分析，并通过与国家土壤及内蒙古自治区土壤重金属背景值做比较，来分析葡萄果园土壤重金属积累程度及受外界影响程度；利用不同污染指数评价法对葡萄果园土壤重金属污染状况进行分级评价；通过相关性分析的方法，分析葡萄果园土壤中不同重金属之间相关程度，探讨葡萄果园土壤中可能有共同来源的重金属，进而分析污染产生的原因；对照《土壤环境质量 农用地土壤污染风险管控标准（试行）》（GB 15618—2018）要求，对葡萄产地环境土壤污染风险分类评价，并给出果园土壤合理利用及安全生产建议；对照《绿色食品 产地环境质量》（NY/T 391—2021）要求，对葡萄产地环境土壤质量安全做出评价，并对种植业绿色食品的适宜性给出建议。第 4 章主要通过葡萄果实感官评价和营养成分检测分析，对比我国现行标准葡萄营养品质、全国名特优新葡萄营养品质、中国葡萄营养品质及美国葡萄营养品质等营养数据库，对 W 市葡萄营养品质的独特性进行综合评价，总结 W 市葡萄营养品质优势所在,并分析W市特色葡萄形成原因。这些分析与评价,为引导企业标准化生产,实现新“三品一标”理念,提升葡萄竞争力和品牌知名度,最终为实现果业增效提供数据支撑,意义重大。

本书凝聚了团队全体成员的辛苦劳动,写作过程中参考了许多相关著作与文献,可能存在部分文献未能一一注明,出版过程中黄河水利出版社给予了大力的支持与帮助,在此一并表示感谢!

本书内容较多,因时间仓促和作者水平有限,难免有疏漏与不妥之处,恳请广大读者及同仁批评指正。

作 者

2023年4月

目　录

第 1 章　葡萄营养功能及栽培现状 …… (1)
1.1　葡萄营养功能 …… (1)
1.2　W 市葡萄种植情况 …… (4)
1.3　开展葡萄产地环境土壤质量与果实品质评价的必要性 …… (5)
1.4　分析与评价的基本模式 …… (5)
第 2 章　葡萄产地环境土壤基本肥力评价 …… (15)
2.1　土壤酸碱度 …… (15)
2.2　土壤有机质 …… (23)
2.3　土壤全氮 …… (32)
2.4　土壤有效磷 …… (41)
2.5　土壤速效钾 …… (50)
2.6　土壤基本肥力评价小结 …… (60)
第 3 章　葡萄产地环境土壤质量安全评价 …… (66)
3.1　葡萄产地环境土壤中重金属基本概况 …… (66)
3.2　葡萄产地环境土壤中重金属含量及统计学特征 …… (74)
3.3　葡萄产地环境土壤中重金属含量分布形态 …… (81)
3.4　葡萄产地环境土壤中重金属污染指数评价 …… (105)
3.5　基于相关性的葡萄产地环境土壤重金属污染物源解析 …… (114)
3.6　葡萄产地环境土壤污染风险分类评价 …… (119)
3.7　葡萄产地环境土壤质量安全评价 …… (125)
3.8　土壤质量安全评价小结 …… (134)
第 4 章　葡萄营养品质评价 …… (140)
4.1　评价内容 …… (140)
4.2　评价依据 …… (140)
4.3　评价结果 …… (148)
4.4　W 市葡萄营养品质综合评价 …… (169)
4.5　W 市特色葡萄形成原因分析 …… (173)
4.6　葡萄营养品质评价小结 …… (174)
参考文献 …… (176)

第 1 章　葡萄营养功能及栽培现状

1.1　葡萄营养功能

葡萄原产于亚洲西部，在世界各地均有栽培，是全球温带地区尤其是北温带地区大量种植的主产水果之一。我国已有几千年的葡萄栽培历史，随着人们物质生活水平的提高，葡萄产业也得到了快速发展。2021 年我国葡萄种植面积为 78.3 万 hm^2，位居世界第三，葡萄产量为 1 499.8 万 t，位居世界第一。

葡萄不仅味美可口，而且营养价值很高，深受人们的喜爱。葡萄能量及一般营养成分含量见表 1-1-1，葡萄氨基酸含量见表 1-1-2，葡萄中主要植物化学物含量见表 1-1-3。

表 1-1-1　葡萄能量及一般营养成分含量（以每 100 g 可食部计）

名称	葡萄（代表值）	红玫瑰葡萄	葡萄（巨峰）	葡萄（马奶子）	葡萄（玫瑰香）	紫葡萄	红提子葡萄
食部/%	86	96	84	84	86	88	86
水分/g	88.5	88.5	87.0	89.6	86.9	88.4	85.6
能量/kcal	45	42	51	41	52	45	54
能量/kJ	185	175	212	172	216	187	229
蛋白质/g	0.4	0.4	0.4	0.5	0.4	0.7	0.4
脂肪/g	0.3	0.2	0.2	0.4	0.4	0.3	0.2
碳水化合物/g	10.3	10.7	12.0	9.1	12.1	10.3	13.1
不溶性膳食纤维/g	1.0	2.2	0.4	0.4	1.0	1.0	Tr
灰分/g	0.3	0.2	0.4	0.4	0.2	0.3	0.7
总维生素 A/μgRAE	3	—	3	4	2	5	1
胡萝卜素/μg	40	—	30	50	20	60	9
视黄醇/μg	0	0	0	0	0	0	0

续表 1-1-1

名称	葡萄（代表值）	红玫瑰葡萄	葡萄（巨峰）	葡萄（马奶子）	葡萄（玫瑰香）	紫葡萄	红提子葡萄
硫胺素/mg	0.03	0.03	0.03	Tr	0.02	0.03	0.02
核黄素/mg	0.02	0.02	0.01	0.03	0.02	0.01	0.01
烟酸/mg	0.25	—	0.10	0.80	0.20	0.30	0.07
维生素 C/mg	4.0	5.0	4.0	—	4.0	3.0	Tr
维生素 E(总量)/mg	0.86	1.66	0.34	—	0.86	—	0.34
维生素 E(α)/mg	0.34	0.79	0.34	—	0.23	—	Tr
维生素 E(β+γ)/mg	0.56	0.67	Tr	—	0.45	—	0.34
维生素 E(δ)/mg	0.19	0.20	Tr	—	0.18	—	Tr
钙/mg	9	17	7	—	8	10	2
磷/mg	13	13	17	—	14	10	20
钾/mg	127	119	128	—	126	151	186
钠/mg	1.9	1.5	2.0	—	2.4	1.8	4.4
镁/mg	7	8	6	—	4	9	5
铁/mg	0.4	0.3	0.6	—	0.1	0.5	0.2
锌/mg	0.16	0.17	0.14	—	0.03	0.33	0.06
硒/μg	0.11	0.00	0.50	—	0.11	0.07	0.08
铜/mg	0.18	0.17	0.10	—	0.18	0.27	0.04
锰/mg	0.04	0.08	0.04	—	0.04	0.12	0.04
产地	—	安徽	—	甘肃	安徽	—	山东

注：数据参考《中国食物成分表》标准版，第 6 版；"Tr"表示该指标低于检出限。下同。

表 1-1-2　葡萄氨基酸含量(以每 100 g 可食部计)

名称	葡萄(代表值)	葡萄(巨峰)	葡萄(马奶子)	紫葡萄
异亮氨酸/mg	8	6	8	11
亮氨酸/mg	11	9	11	15
赖氨酸/mg	13	10	13	18
含硫氨基酸总量/mg	15	12	15	21
蛋氨酸/mg	7	5	7	9
胱氨酸/mg	8	7	8	12
芳香族氨基酸总量/mg	24	19	24	34
苯丙氨酸/mg	14	11	14	20
酪氨酸/mg	10	8	10	14
苏氨酸/mg	13	10	13	18
色氨酸/mg	6	5	6	8
缬氨酸/mg	13	11	13	19
精氨酸/mg	38	31	38	54
组氨酸/mg	8	7	8	12
丙氨酸/mg	18	14	18	25
天冬氨酸/mg	20	16	20	28
谷氨酸/mg	46	37	46	64
甘氨酸/mg	11	9	11	15
脯氨酸/mg	11	9	11	15
丝氨酸/mg	13	10	13	18
产地	—	—	甘肃	—

表 1-1-3 葡萄中主要植物化学物含量(以每 100 g 可食部计)

名称	红提(广州)	葡萄(巨峰,广州,春夏)	葡萄(巨峰,天津,秋冬)	葡萄(玫瑰香,天津,秋冬)	葡萄(巨峰,广州,秋冬)
水分/(g/100 g)	80.3	78.6	81.4	87.0	75.8
槲皮素/mg	—	2.36	1.94	0.65	3.82
杨梅黄酮/mg	—	46.01	33.50	23.10	37.70
玉米黄铜/mg	—	0.83	0.89	0.48	4.20
坎二菲醇/mg	—	1.66	1.53	1.93	Tr
芹菜配基/mg	—	Tr	Tr	1.75	1.99
黄豆苷元/mg	—	Tr	Tr	—	0.04
黄豆黄素/mg	—	Tr	Tr	—	Tr
染料木黄酮/mg	—	0.01	Tr	—	0.02
飞燕草素/mg	Tr	1	Tr	Tr	—
矢车菊素/mg	1.9	1.4	Tr	Tr	—
芍药素/mg	1.8	6.3	Tr	Tr	—
白藜芦醇/μg	—	—	90	23	268
白藜芦醇苷/μg	—	—	79	23	112

1.2 W 市葡萄种植情况

根据我国葡萄种植区域地形、地貌、自然气候条件和种植方式等,可将我国葡萄主要栽培区划分为 7 个,即环渤海湾地区、新疆地区、黄土高原地区、黄河中下游地区(河南等)、南方地区(江苏、浙江、安徽等)、吉林以长白山为核心的产区及西南地区。2021 年,我国葡萄产量排名前十的省(区、市)分别为新疆(326.97 万 t)、河北(124.69 万 t)、山东(122.89 万 t)、云南(100.82 万 t)、河南(86.04 万 t)、陕西(85.15 万 t)、浙江(76.40 万 t)、辽宁(76.25 万 t)、广西(66.64 万 t)、江苏(62.14 万 t)。其中 W 市葡萄产业基本情况如下。

1.2.1 自然环境条件

W 市地处葡萄优势产区,下辖三个县级行政区,分别为 H 区、L 区和 S 区,总面积

1 754 km^2。W 市属于暖温带大陆性气候，最高气温 40.2 ℃，最低气温-36.6 ℃，年平均降水量为 162 mm，长年平均无霜期 156~165 d，多年平均日照时间数为 3 138.6 h，年平均接收太阳辐射能 155.8 kcal/cm^2，春秋季短，冬夏季长，昼夜温差大，日照时间长，可见光照资源丰富，是发展高效农业资源最充足的地区之一。

1.2.2　葡萄产业状况

立足地区独特的光热资源优势，W 市将葡萄产业确定为市域农业发展的主导、特色、优势产业，并坚持“生态、高效、特色、精品”的农业发展之路。W 市葡萄以露地栽培为主，设施栽培为辅，截至 2020 年，全市葡萄保有面积 1 665.1 hm^2，其中，鲜食葡萄面积 675.4 hm^2，挂果面积 586.7 hm^2，品种 100 余个，红地球、森田尼无核、火焰无核、摩尔多瓦、玫瑰香等 10 余个主栽品种，占到了鲜食葡萄总面积的 93%。酿酒葡萄面积 989.7 hm^2，挂果面积 933.3 hm^2，品种近 20 个，赤霞珠、梅鹿辄、西拉、马瑟兰等 7 个主栽品种约占酿酒葡萄种植面积的 95%。

1.3　开展葡萄产地环境土壤质量与果实品质评价的必要性

独特的地理环境孕育了独特的葡萄产品，为贯彻国家乡村振兴、绿色高质量发展等国家战略，助力葡萄产业发展，全面掌握 W 市葡萄产品及产地环境质量安全状况，实现品种、品质、品牌和标准化生产的新“三品一标”理念，支撑政府监管，引导葡萄产品企业标准化生产，保障葡萄产品质量安全全程控制，做到过程可追溯、安全可控制、质量有保障，消费者能信赖，市场有竞争力，最终实现果业增效，特开展葡萄产地环境土壤质量与果实品质分析与评价工作。

1.4　分析与评价的基本模式

1.4.1　监测年份

监测时间为 2021—2023 年。

1.4.2　监测区域及评价对象

监测区域为 W 市，评价对象为葡萄产地环境土壤基本肥力、重金属污染物含量及葡萄产品营养品质。

1.4.3　评价方法

1.4.3.1　土壤基本肥力评价

本部分以 W 市葡萄果园土壤基本肥力为评价对象。

1. 具体样品数量及分布

1) 布点原则

主要依据《绿色食品 产地环境调查、监测与评价规范》(NY/T 1054—2021),结合W市葡萄种植实际情况,以葡萄生产企业为基本评价单元,依据企业种植面积和生产单元数量确定实际采样数量。

2) 样品数量与分布

依据W市提供的葡萄生产企业名单,兼顾露地栽培与设施栽培实际情况,在H区、L区、S区分别采集土壤样品。项目实施过程中实际采集土壤样品40个,具体样品分布见表1-4-1。

表1-4-1　土壤样品分布情况

采样区域	样品数量/个	不同栽培模式样品分布	
		露地/个	设施/个
H区	20	14	6
L区	14	13	1
S区	6	4	2
合计	40	31	9

2. 监测指标及检测依据

重点关注土壤pH值、有机质、全氮、有效磷、速效钾等基本理化性状和基本肥力指标(见表1-4-2)。

表1-4-2　重点关注指标及检测依据

评价指标	方法依据	所用设备
pH值	NY/T 1121.2—2006	滴定仪
有机质	NY/T 1121.6—2006	滴定管
全氮	HJ 717—2014	全自动定氮仪
有效磷	NY/T 1121.7—2014	紫外可见分光光度计
速效钾	NY/T 889—2004	原子吸收分光光度计

3. 评价依据

1) 我国第二次土壤普查分级标准

土壤基本肥力评价主要参考我国第二次土壤普查分级指标。在我国第二次土壤普查中,将有机质、全氮、有效磷、速效钾等指标成分含量从高到低分为六级,并对各级进行分类描述(见表 1-4-3)。

表 1-4-3　我国土壤基本肥力指标分级标准

(我国第二次土壤普查分级指标)

类别	指标	一级	二级	三级	四级	五级	六级
肥力指标	有机质/(g/kg)	>40	30~40	20~30	10~20	6~10	<6
	全氮/%	>0.2	0.15~0.2	0.1~0.15	0.075~0.1	0.05~0.075	<0.05
	有效磷/(mg/kg)	>40	20~40	10~20	5~10	3~5	<3
	速效钾/(mg/kg)	>200	150~200	100~150	50~100	30~50	<30
	级别描述	丰富	较丰富	中等	缺	较缺	极缺
pH 值	pH 值	>8.5	7.5~8.5	6.5~7.5	5.5~6.5	4.5~5.5	<4.5
	级别描述	碱性	弱碱	中性	微酸	酸性	强酸

2)绿色食品产地环境标准

同时参考《绿色食品 产地环境质量》(NY/T 391—2021)对土壤基本肥力进行评价。在绿色食品产地环境评价中,有机质、全氮、有效磷、速效钾等基本肥力指标属于环境可持续发展要求范畴,即绿色食品产地环境土壤应持续保持土壤地力水平,土壤肥力应维持在同一等级或不断提升。土壤肥力仅进行分级划定,不作为判定产地环境质量是否合格的依据,但可用于评价农业活动对环境土壤养分的影响及变化趋势,在绿色食品续展时需要评价土壤肥力分级指标的变化趋势。在绿色食品产地环境评价中,将有机质、全氮、有效磷、速效钾等指标成分含量从高到低分别划分为Ⅰ级、Ⅱ级、Ⅲ级,并对各级进行分类描述。具体评价参数和评价指标见表 1-4-4。

表 1-4-4　土壤基本肥力评价参数和评价指标

[《绿色食品 产地环境质量》(NY/T 391—2021)]

指标	级别	园地	描述
有机质/(g/kg)	Ⅰ级	>20	丰富
	Ⅱ级	15~20	尚可
	Ⅲ级	<15	低于临界值

续表 1-4-4

指标	级别	园地	描述
全氮/(g/kg)	Ⅰ级	>1.0	丰富
	Ⅱ级	0.8~1.0	尚可
	Ⅲ级	<0.8	低于临界值
有效磷/(mg/kg)	Ⅰ级	>10	丰富
	Ⅱ级	5~10	尚可
	Ⅲ级	<5	低于临界值
速效钾/(mg/kg)	Ⅰ级	>100	丰富
	Ⅱ级	50~100	尚可
	Ⅲ级	<50	低于临界值

3)葡萄果园适宜性评价依据

葡萄果园土壤适宜性评价主要参考葡萄产地环境技术条件、茶叶产地环境技术条件等进行,具体评价指标见表 1-4-5、表 1-4-6。

表 1-4-5 葡萄园地土壤酸碱度适宜范围

[《葡萄产地环境技术条件》(NY/T 857—2004)]

项目	低于阈值	阈值范围	高于阈值
pH 值	<6.5	6.5~8.5	>8.5

表 1-4-6 葡萄园地土壤基本肥力适宜范围

(葡萄产业技术体系指标)

指标	一级	二级	三级	四级
有机质/(g/kg)	—	>30	10~30	<10
有效氮/(mg/kg)	—	>150	50~150	0~50
全氮/(g/kg)	—	>1.0	0.8~1.0	<0.8

续表 1-4-6

指标	一级	二级	三级	四级
有效磷/(mg/kg)	>150	25~150	15~25	<15
速效钾/(mg/kg)	>600	240~600	120~240	<120
描述	很高	高	中	低

注:全氮参照《茶叶产地环境技术条件》(NY/T 853—2004)。

4. 评价方法

1) 基本肥力指标统计学特征分析

主要通过描述统计的方法,对 W 市葡萄园地土壤 pH 值、全氮、有效磷、速效钾等基本肥力指标的含量、变异程度及其分布形态进行分析。

2) 基本肥力指标分级描述

参考我国第二次土壤普查中基本肥力分级标准,对 W 市葡萄果园基本肥力指标进行分级描述评价。

3) 绿色食品产地环境质量适宜性评价

依据农业行业标准《绿色食品 产地环境质量》(NY/T 391—2021)、《绿色食品 产地环境调查、监测与评价规范》(NY/T 1054—2021),参考园地土壤基本肥力分级指标,对 W 市葡萄产地环境土壤基本肥力的绿色食品产地环境质量适宜性做出评价。

4) 葡萄生长适宜性评价

从植物生长角度,借鉴葡萄果园基本肥力指标适宜性范围,对 W 市葡萄产地环境土壤基本肥力指标适宜性做出评价,并给出相应的施肥建议。

1.4.3.2　葡萄产地环境土壤质量安全评价

本部分以重金属等污染物为评价指标对 W 市葡萄果园土壤安全性进行评价。

1. 具体样品数量及分布

布点原则同 1.4.3.1 部分土壤基本肥力,具体样品数量及分布同表 1-4-1。

2. 监测指标及检测依据

葡萄产地环境土壤质量安全评价重点关注土壤 pH 值以及铜、锌、铅、镉、铬、镍、汞、砷等无机污染物,具体指标及检测依据见表 1-4-7。

表 1-4-7　土壤质量主要关注指标及检测依据

指标	方法依据	所用设备
pH	NY/T 1121.2—2006	滴定仪
镉	GB/T 17141—1997,HJ 766—2015	原子吸收分光光度计、电感耦合等离子体质谱仪
汞	GB/T 22105.1—2008	原子荧光分光光度计

续表 1-4-7

指标	方法依据	所用设备
砷	GB/T 22105.2—2008	原子荧光分光光度计
铅	GB/T 17141—1997,HJ 766—2015	原子吸收分光光度计、电感耦合等离子体质谱仪
铬	HJ 491—2019,HJ 766—2015	原子吸收分光光度计、电感耦合等离子体质谱仪
铜	HJ 491—2019,HJ 766—2015	原子吸收分光光度计、电感耦合等离子体质谱仪
锌	HJ 491—2019,HJ 766—2015	原子吸收分光光度计、电感耦合等离子体质谱仪
镍	HJ 491—2019,HJ 766—2015	原子吸收分光光度计、电感耦合等离子体质谱仪

3. 评价依据

1)《绿色食品 产地环境质量》(NY/T 391—2021)

在我国农业行业标准《绿色食品 产地环境质量》(NY/T 391—2021)中,设置有铅、镉、铬、铜、汞、砷等无机污染物共6项基本评价指标。其标准值按照《绿色食品 产地环境质量》(NY/T 391—2021)规定执行。

2)《土壤环境质量 农用地土壤污染风险管控标准(试行)》(GB 15618—2018)

我国国家标准《土壤环境质量 农用地土壤污染风险管控标准(试行)》(GB 15618—2018)(简称《农用地标准》)中设置有铜、锌、铅、镉、铬、镍、汞、砷等无机污染物共8项基本评价指标。采用《农用地标准》中的污染物风险筛选值和管制值作为评价标准,具体评价指标标准值的选择需考虑不同的pH值分区以及果园的用地类型。

4. 评价方法

1)葡萄产地环境土壤质量安全评价

依据农业行业标准《绿色食品 产地环境质量》(NY/T 391—2021)、《绿色食品 产地环境调查、监测与评价规范》(NY/T 1054—2021),对W市葡萄产地环境土壤安全状况做出评价。

2)葡萄产地环境土壤污染风险分类评价

依据《农用地标准》,采用污染物风险筛选值和管制值作为评价标准,对W市葡萄产地环境土壤进行分类评价,具体评价指标标准值的选择需考虑不同的pH值分区以及果园的用地类型。

1.4.3.3 葡萄营养品质评价

本部分以W市露地栽培和设施栽培葡萄为评价对象。

1. 具体样品数量及分布

具体样品数量及分布见表1-4-8。

表 1-4-8　葡萄样品信息

项目	栽培方式	H 区	L 区	S 区	合计
样品数量	露地	42	38	24	104
	设施	7	1	4	12
	小计	49	39	28	116
生产单位数量	露地	14	12	5	31
	设施	3	1	2	6
	小计	17	13	7	37
品种数量	露地	20	19	17	24
	设施	4	1	3	4
	小计	21	19	18	24

1) 露地栽培样品数量和品种

在 W 市 H 区、L 区和 S 区共抽取 104 个露地葡萄样品，其中 H 区抽取 42 个葡萄样品，L 区抽取 38 个葡萄样品，S 区抽取 24 个葡萄样品，包括 24 个主栽品种，分别为巨峰、无核白、红地球、火焰无核、里扎马特、玫瑰香、森田尼无核、红无核、巨玫瑰、龙眼、美人指、阳光玫瑰、奥古斯特、赤霞珠、京早晶、摩尔多瓦、维多利亚、无核紫、夏至红、梅鹿辄、密光、夏黑、黑比诺、蓝宝石，全市共选取 31 家生产单位生产的不同成熟期不同品种共计 104 个样品，每个生产单位同一品种只抽取一个样品，每个品种抽取的样品数量情况见表 1-4-9。

表 1-4-9　露地栽培葡萄样品品种和数量

编号	品种	样品数量/个
1	巨峰	7
2	无核白	7
3	红地球	6
4	火焰无核	6
5	里扎马特	6
6	玫瑰香	6
7	森田尼无核	6
8	红无核	5
9	巨玫瑰	5

续表 1-4-9

编号	品种	样品数量/个
10	龙眼	5
11	美人指	5
12	阳光玫瑰	5
13	奥古斯特	4
14	赤霞珠	4
15	京早晶	4
16	摩尔多瓦	4
17	维多利亚	4
18	无核紫	4
19	夏至红	3
20	梅鹿辄	2
21	密光	2
22	夏黑	2
23	黑比诺	1
24	蓝宝石	1
共计		104

2）设施栽培样品数量和品种

在设施栽培区域抽取12个葡萄样品，其中H区抽取7个葡萄样品，L区抽取1个葡萄样品，S区抽取4个葡萄样品，包含4个主栽品种，分别为玫瑰香、夏黑、阳光玫瑰、红地球，每个品种各抽取葡萄样品3个，见表1-4-10。在6家生产单位抽取，每个生产单位同一品种葡萄只抽取一个样品。

表 1-4-10 设施栽培葡萄样品品种和数量

编号	品种	样品数量/个
1	玫瑰香	3
2	夏黑	3
3	红地球	3
4	阳光玫瑰	3
合计		12

2. 评价指标及测定依据

评价指标依据葡萄中主要营养成分设置，详细评价指标、主要营养功能及测定依据见表 1-4-11。

表 1-4-11　葡萄品质评价指标及主要营养功能

评价指标	主要营养功能	测定依据
感官评价	果品感官品质评价通常包括色泽、外观、质地、气味、滋味、风味和口感等感官属性	—
总糖	葡萄果实甜味的呈味物质，主要包括葡萄糖、果糖和蔗糖，是葡萄品质的重要构成性状之一，是影响葡萄风味的重要因素	NY/T 2742—2015
总酸	葡萄果实酸味的呈味物质，果实品质的重要构成性状之一，是影响葡萄风味的重要因素	GB 12456—2021
固酸比	可溶性固形物/总酸比值，是影响葡萄风味品质的重要因素	—
可溶性固形物	包括总糖、总酸、维生素、矿物质等含量的总和，是评价葡萄品质的重要指标	NY/T 2637—2014
维生素 C	一种水溶性抗氧化剂，在机体内抗氧化酶的协同下参与多种清除自由基活动	GB 5009. 86—2016
硒	一种生物必需的微量元素，抗癌、抗氧化	GB 5009. 93—2017
锌	一种生物必需的微量元素，帮助生长、智力发育、提高免疫力	GB 5009. 14—2017
铁	一种生物必需的微量元素，预防治疗贫血	GB 5009. 90—2016
钙	一种生物必需的常量元素，促进骨骼生长	GB 5009. 92—2016
花青素	水溶性色素，葡萄果皮的主要着色色素，具有很强的抗氧化、抗癌活性	NY/T 2640—2014
多酚	多酚的重要功能是抗氧化，清除自由基。又与 VC、VE 等多种抗氧剂有协同作用	NY/T 1600—2008

3. 评价依据

W 市葡萄营养品质比对主要参考如下数据库：

(1)我国现行标准葡萄营养品质数据库(ZZGG02-01)。

(2)全国名特优新葡萄营养品质数据库(ZZGG02-02)。

(3)中国葡萄营养品质数据库(ZZGG02-03)。

(4)美国葡萄营养品质数据库(ZZGG02-04)。

4. 评价方法

通过对比不同葡萄产品的营养数据库，对 W 市葡萄营养品质独特性进行综合评价，全面掌握 W 市葡萄独特的品种特征及其比较优势。

第 2 章　葡萄产地环境土壤基本肥力评价

本章以 W 市为实例,从适宜生长角度,对监测区域葡萄产地环境土壤基本肥力状况进行评价,主要内容包括:通过描述统计的方法,对葡萄果园土壤 pH 值、全氮、有效磷、速效钾等基本肥力指标的含量、变异程度及其分布形态进行分析;按照我国第二次土壤普查分级标准,对葡萄果园土壤基本肥力状况进行分级评价;对比葡萄生长适宜范围,对葡萄生长适宜性做出评估;参照《绿色食品 产地环境质量》(NY/T 391—2021)及《绿色食品产地环境调查、监测与评价规范》(NY/T 1054—2021),对葡萄果园土壤基本肥力进行分级划定,并给出可持续发展绿色食品的合理施肥建议。

在描述性统计分析中,平均值和中位值是表示变量中心趋向分布的一种测度,而标准差和变异系数(统计学中的离散系数,用标准差与平均值之比表示)则反映了总体样本中各采样点的平均变异程度,变异系数小于 0.1 为弱变异性,0.1~1.0 为中等变异性,大于 1.0 为强变异性,变异程度越大表明受外界的干扰越强。

在描述性统计分析中,偏度系数和峰度系数是描述数据分布形态的统计量。其中偏度系数(Skewness)是描述其变量取值分布对称性的统计量。正态分布左右是对称的,偏度系数为 0 表示其数据分布形态与正态分布偏度相同,偏度系数为较大的正值表明该分布具有右侧较长尾部,较大的负值表明具有左侧较长尾部。偏度系数的标准误可以用来判断分布的正态性,偏度系数与其标准误的比值用来检验正态性,如果该比值绝对值大于 1.96,将拒绝正态性;而峰度系数(Kurtosis)是描述其变量取值分布形态陡缓程度即用来度量数据在中心聚集程度的统计量。峰度系数为 0 表示其数据与正态分布的陡缓程度相同。正的峰度系数说明观察量更集中,有比正态分布更长的尾部,为低峰态。负的峰度系数说明观测量不那么集中,有比正态分布更短的尾部,类似于矩形的均匀分布,为尖峰态。峰度系数的标准误同样可以用来判断分布的正态性,峰度系数与其标准误的比值用来检验正态性,如果该比值绝对值大于 1.96,也将拒绝正态性。另外,K-S 检验的 Sig. 值也是用来判断参数分布是否服从正态分布的指标,在 95%概率范围内,如果 Sig. 值大于 0.05,则拒绝正态分布。

2.1　土壤酸碱度

2.1.1　土壤酸碱度基本概况

2.1.1.1　土壤酸碱度基本情况

土壤 pH 值是衡量土壤酸性或碱性程度的指标,是土壤性质的主要变量之一,对土壤的许多化学反应和化学过程都有很大影响,对植物所需养分元素的有效性也有显著影响,土壤中 pH 值在一定范围内才有利于植物生长。土壤酸碱度的主要影响因素包括土壤胶体和性质、土壤吸附阳离子组成和盐基饱和度、土壤空气 CO_2 分压、土壤水分含量、土壤氧化还原条件等。我国土壤酸碱度大多数在 pH 4.5~8.5，在地理分布上具有“南酸北碱”的地带分布性特点，即由南向北 pH 值逐渐增大，长江以南多数为强酸性土壤，而长江以北的土壤多数为中性和碱性土壤。

2.1.1.2　我国土壤 pH 背景值分析

我国土壤 pH 值范围较广，全国范围内 pH 背景值范围为 3.10~10.6，平均值为 6.7。内蒙古自治区土壤 pH 背景值范围为 4.1~9.8，平均值为 7.6，大部分属于碱性土壤。我国及内蒙古自治区土壤 pH 背景值统计量（中国环境监测总站，1990 年）见表 2-1-1。

表 2-1-1　我国土壤（A 层）pH 背景值统计量

区域	范围	中位值	算术平均值	几何平均值	95%值
全国	3.10~10.6	6.8	6.7±1.48	6.5±1.26	4.1~10.4
内蒙古自治区	4.1~9.8	7.7	7.6±0.96	7.6±1.14	9.0

2.1.1.3　我国土壤 pH 值分级指标

在 pH 值分级方面，因研究目的不同，各国的分级标准不完全一致。我国根据 pH 值大小一般将土壤的酸碱度分为五级（见表 2-1-2）：一级为强碱性土壤（pH>8.5），二级为碱性土壤（pH 7.5~8.5），三级为中性土壤（pH 6.5~7.5），四级为酸性土壤（pH 5.0~6.5），五级为强酸性土壤（pH<5.0）。

表 2-1-2　我国土壤酸碱度分级指标

（熊毅等，1987）

土壤酸碱度分级	pH 值范围
强碱性	>8.5
碱性	7.5~8.5
中性	6.5~7.5
酸性	5.0~6.5
强酸性	<5.0

但在我国第二次土壤普查中，为方便土壤养分图的绘制，将土壤 pH 分为六级，分级标准具体数值也有所调整，并对各级酸碱度进行分类描述（见表 2-1-3），其中：pH>8.5 为一级，此范围内土壤酸碱性描述为碱性；pH7.5~8.5 为二级，此范围内土壤酸碱性描述为弱碱性；pH6.5~7.5 为三级，此范围内土壤酸碱性描述为中性；pH5.5~6.5 为四级，此范围内土壤酸碱性描述为微酸性；pH 4.5~5.5 为五级，此范围内土壤酸碱性描述为酸性；pH<4.5 为六级，此范围内土壤酸碱性描述为强酸性。

表 2-1-3　我国土壤酸碱度分级指标

（全国第二次土壤普查分级标准）

级别	pH 值	描述
一级	>8.5	碱性
二级	7.5~8.5	弱碱性
三级	6.5~7.5	中性
四级	5.5~6.5	微酸性
五级	4.5~5.5	酸性
六级	<4.5	强酸性

然而，在第三次全国土壤普查中又对 pH 提出了划分更为详细的七级分级标准（见表 2-1-4）：一级为强碱性土壤（pH>9.5），二级为碱性土壤（pH8.5~9.5），三级为弱碱性土壤（pH7.5~8.5），四级为中性土壤（pH6.5~7.5），五级为微酸性土壤（pH5.5~6.5），六级为酸性土壤（pH4.5~5.5），七级为强酸性土壤（pH<4.5）。

表 2-1-4　我国土壤酸碱度分级指标

（第三次全国土壤普查分级标准）

级别	pH 值	描述
一级	>9.5	强碱性
二级	8.5~9.5	碱性
三级	7.5~8.5	弱碱性
四级	6.5~7.5	中性
五级	5.5~6.5	微酸性
六级	4.5~5.5	酸性
七级	<4.5	强酸性

2.1.2　葡萄生长的土壤 pH 适宜范围

葡萄对土壤要求不太严格，除重盐碱土、沼泽地、地下水位不足 1 m、土壤黏重、通气性不良的地方外，在各类土壤上均能进行栽培，但葡萄最适宜的是土质疏松、通气良好的砾质壤土和沙质壤土，尤其是一些酿造高档葡萄酒的品种对土壤质地、结构都有严格的要求。葡萄对土壤酸碱度的适应幅度较大，一般 pH5.8~8.2 均能栽培，其中以土壤

pH6.5~8.5为葡萄生长的阈值范围。不同的葡萄品种其根系抗盐碱和抗缺铁性黄化的能力有所不同，一般欧亚种葡萄抗盐碱性较强，而欧美杂交品种抗盐碱性较差，在盐碱地上易发生叶片黄化症状。

《葡萄产地环境技术条件》(NY/T 857—2004)中指出，葡萄对土壤酸碱度适宜范围为pH6.5~8.5(见表2-1-5)，即微酸性至碱性土质是葡萄生长的阈值范围，pH值低于6.5或高于8.5的土壤均不利于葡萄正常生长。

表2-1-5　葡萄园地土壤酸碱度适宜范围

[《葡萄产地环境技术条件》(NY/T 857—2004)]

项目	低于阈值	阈值范围	高于阈值
pH值	<6.5	6.5~8.5	>8.5

2.1.3　pH值统计学特征

W市不同区域葡萄果园土壤pH值统计学特征见表2-1-6。总体来说，监测范围内葡萄果园土壤pH范围为7.7~9.1，平均值为8.44，变异系数为4.10%，pH平均值高于全国土壤背景值(pH6.7)和内蒙古自治区土壤背景值(pH7.6)，属于弱变异性。

表2-1-6　土壤pH值统计量

区域	点位/个	统计量					变异系数/%
		极小值	极大值	平均值	标准差	中位值	
全市区域	40	7.7	9.1	8.44	0.346	8.40	4.10
H区	20	7.7	9.1	8.55	0.369	8.60	4.32
L区	14	8.0	9.0	8.40	0.311	8.30	3.71
S区	6	8.0	8.4	8.17	0.163	8.15	2.00

不同区域葡萄果园土壤pH值分布形态不同，全市区域果园土壤平均值(pH8.44)稍大于中位值(pH8.40)，S区果园土壤平均值(pH8.17)稍大于中位值(pH8.15)，L区果园土壤平均值(pH8.40)稍大于中位值(pH8.30)，均属于正偏。而H区果园土壤平均值(pH8.55)稍小于中位值(pH8.60)，属于负偏。

不同区域葡萄果园土壤酸碱度分布不同，但差异不明显，pH平均值从大到小依次为H区(pH8.55)>L区(pH8.40)>S区(pH8.17)。所有区域土壤pH平均值均高于全国土壤背景值(pH6.7)和内蒙古自治区土壤背景值(pH7.6)。H区土壤pH平均水平略高于全市区域，L区土壤pH平均水平与全市区域基本持平，S区土壤pH平均水平则稍低于全市区域。

不同区域葡萄果园土壤 pH 变异系数基本呈现 1 个层次，变异系数在 2.00%～4.10%，均属于弱变异性，即 pH 在空间分布上非常均匀，说明区域内各采样点 pH 受外界影响程度很小。

2.1.4　pH 分布特征

由统计结果可以看出（见表 2-1-7），不同区域果园土壤 pH 分布偏度系数不同。全市区域果园土壤 pH 分布偏度系数为 0.135，L 区和 S 区分别为 0.393 和 0.383，均大于 0、小于 1，表明区域内土壤 pH 呈稍微明显的正偏态分布，即 pH 较低的点位所占比例稍微高于 pH 较高的点位比例。而 H 区土壤 pH 分布偏度系数为-0.489，为绝对值小于 1 的负值，表明区域内土壤 pH 呈稍微明显的负偏态分布，即 pH 较低的点位所占比例稍微低于 pH 较高的点位比例，这与平均值和中位值的比较结果一致。由 pH 分布直方图（见图 2-1-1）可以很明显地看出不同区域果园土壤 pH 的分布形态。

表 2-1-7　土壤 pH 值分布特征

区域	点位个数	分布特征				K-S 检验	
		偏度系数	偏度系数/标准误	峰度系数	峰度系数/标准误	统计量	Sig.
全市区域	40	0.135	0.360	-0.810	-1.105	0.154	0.018
H 区	20	-0.489	-0.954	-0.171	-0.172	0.159	0.198
L 区	14	0.393	0.657	-0.957	-0.829	0.197	0.144
S 区	6	0.383	0.453	-1.481	-0.851	0.180	0.200

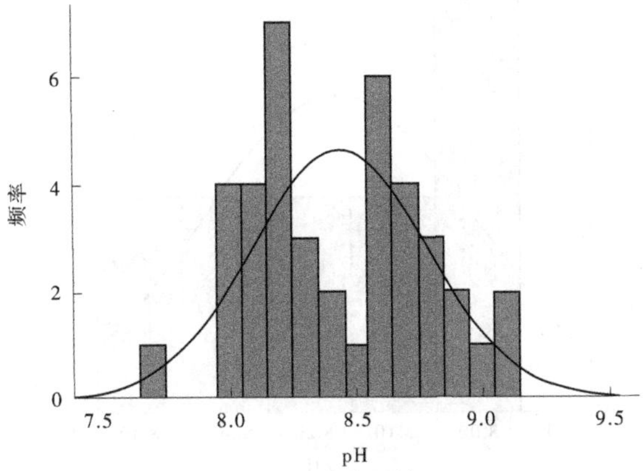

(a)全市区域

图 2-1-1　各区域土壤 pH 值分布形态直方图

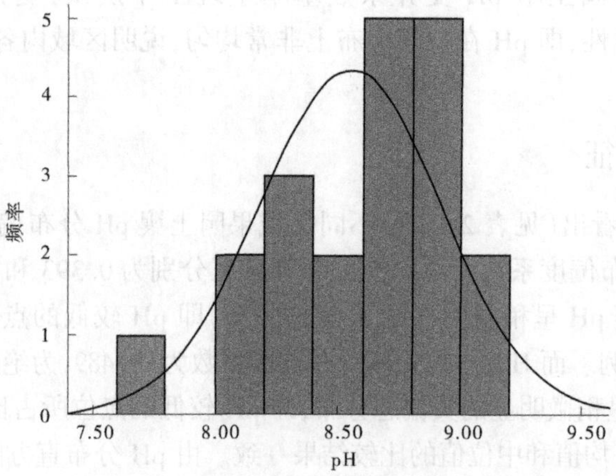

(b)H区

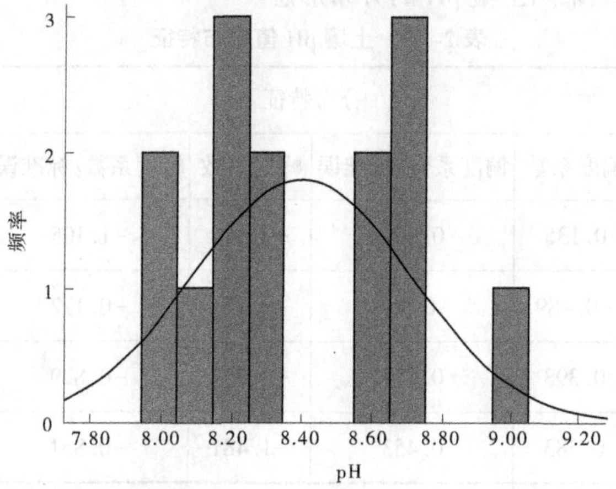

(c)L区

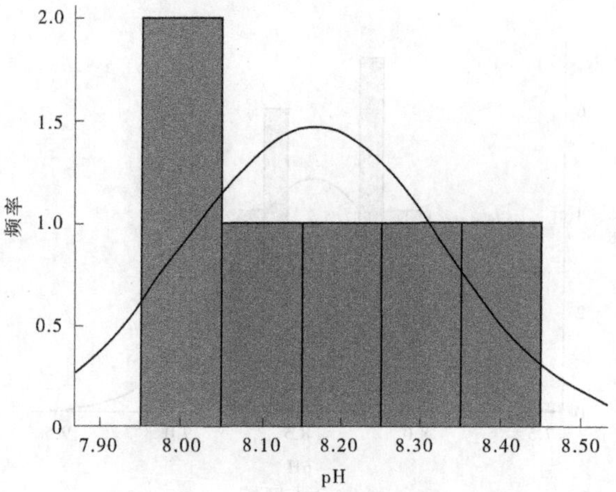

(d)S区

续图 2-1-1

不同区域葡萄果园土壤 pH 分布峰度系数不同。全市区域、H 区、L 区、S 区果园土壤 pH 分布峰度系数分别为-0.810、-0.171、-0.957、-1.481，均小于 0，为平稳峰态，表明区域内土壤 pH 分布有点分散，但峰度系数绝对值较小，说明区域内 pH 分散状态不明显，pH 值分布相对比较集中，极端值很少。由 pH 分布形态 Q-Q 图（见图 2-1-2）和箱式图（见图 2-1-3）也可以很明显地看出各区域果园土壤 pH 极端值的多少及偏离情况。

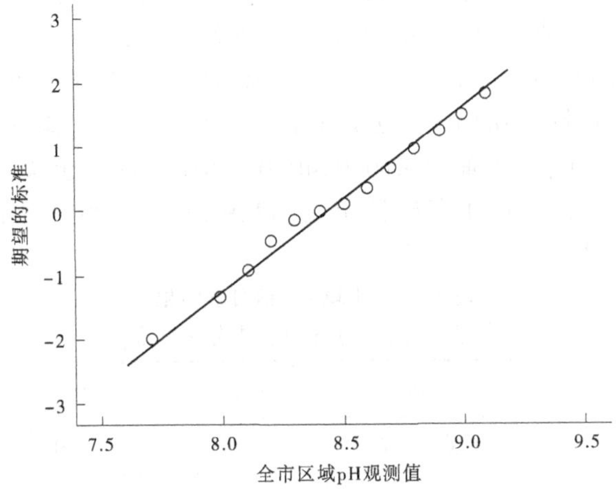

图 2-1-2　各区域土壤 pH 值分布形态 Q-Q 图

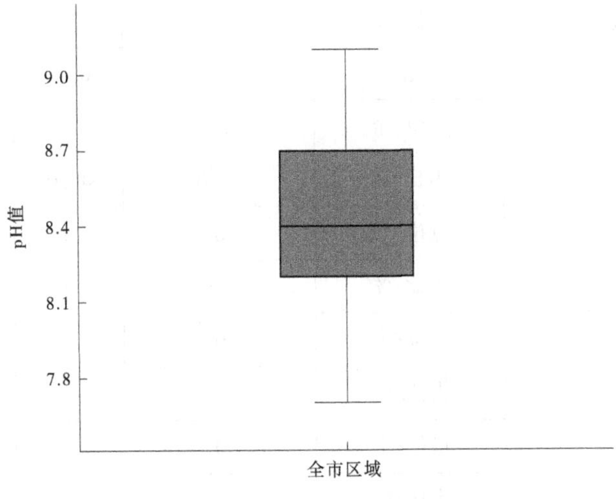

图 2-1-3　各区域土壤 pH 值分布形态箱式图

由 pH 分布特征统计表及分布形态直方图可以看出，W 市全市区域内葡萄果园土壤 pH 值的 K-S 检验的 Sig. 值为 0.018，介于 0.01 与 0.05 之间，表明其分布形态在一定范围内服从正态分布，但其分布偏度系数与其标准误的比值绝对值及峰度系数与其标准误的比值绝对值分别为 0.360 和 1.105，均不大于 1.96，也表明区域内 pH 分布是不拒绝正态性的。而 H 区、L 区、S 区葡萄果园土壤 pH 分布的 K-S 检验的 Sig. 值为 0.144～0.200，均大于 0.05，表明其分布形态服从近似正态分布，且其分布偏度系数与其标准误的比值绝对值及峰度系数与其标准误的比值绝对值分别为 0.453~0.954 和 0.172~0.851,均不大于 1.96,也表明区域内 pH 分布是不拒绝正态性的。

2.1.5　pH 值分级结果

按照我国第二次土壤普查分级标准对 W 市葡萄果园土壤酸碱度进行分级,结果见表 2-1-8。总体来说,监测区域内葡萄果园中,55.0%土壤 pH 处于 7.5~8.5,45.0%土壤 pH 值大于 8.5,没有 pH 值小于 7.5 的土壤,也没有第三次全国土壤普查分级标准更加细化的强碱性土壤(pH>9.5)。即监测区域内葡萄果园中 55.0%属于弱碱性土壤,45.0%属于碱性土壤,没有中性及酸性的土壤,也没有强碱性土壤。不同区域葡萄果园土壤酸碱度分级结果略有差异,其中:H 区葡萄果园中,40.0%属于弱碱性土壤,60.0%属于碱性土壤;L 区葡萄果园中,57.1%属于弱碱性土壤,42.9%属于碱性土壤;S 区葡萄果园中,100.0%属于弱碱性土壤。

表 2-1-8　土壤 pH 值分级结果

(参照全国第二次土壤普查分级标准)

描述	区域	全市区域	H 区	L 区	S 区
	总点位/个	40	20	14	6
强碱性(第三次土壤普查细化)	点位/个	0	0	0	0
	占比/%	0	0	0	0
碱性	点位/个	18	12	6	0
	占比/%	45.0	60.0	42.9	0
弱碱性	点位/个	22	8	8	6
	占比/%	55.0	40.0	57.1	100.0
中性	点位/个	0	0	0	0
	占比/%	0	0	0	0
微酸性	点位/个	0	0	0	0
	占比/%	0	0	0	0
酸性	点位/个	0	0	0	0
	占比/%	0	0	0	0
强酸性	点位/个	0	0	0	0
	占比/%	0	0	0	0

2.1.6　葡萄果园土壤 pH 值适宜性评价

不同区域葡萄果园土壤 pH 值适宜性分析见表 2-1-9。总体来说,监测区域内葡萄果园中,55.0%土壤 pH 处于 6.5~8.5,45.0%土壤 pH 值高于葡萄生长阈值(pH8.5),没有 pH 值低于 6.5 的土壤。即 W 市葡萄果园仅有 55.0%点位土壤酸碱度处于葡萄生长的适宜范围,有 45.0%的点位土壤 pH 值过高。可见,W 市葡萄果园土壤 pH 整体偏高,不同区域葡萄果园土壤酸碱度适宜性略有差异,其中:H 区有 40.0%葡萄果园土壤酸碱度处于葡萄生长的阈值范围内(pH6.5~8.5),另外 60.0%的点位土壤 pH 值高于葡萄生长阈值(pH>8.5);L 区有 57.2%葡萄果园土壤酸碱度处于葡萄生长的阈值范围内(pH6.5~8.5),另外 42.8%的点位土壤 pH 值高于葡萄生长阈值(pH>8.5);S 区则 100.0%葡萄果园土壤酸碱度处于葡萄生长的阈值范围内(pH6.5~8.5)。

表 2-1-9　葡萄果园土壤酸碱度适宜性分析

区域		全市区域	H 区	L 区	S 区
点位/个		40	20	14	6
pH 值偏低	阈值	<6.5	<6.5	<6.5	<6.5
pH 值偏低	频率/%	0	0	0	0
pH 值适宜	阈值	6.5~8.5	6.5~8.5	6.5~8.5	6.5~8.5
pH 值适宜	频率/%	55.0	40.0	57.2	100.0
pH 值偏高	阈值	>8.5	>8.5	>8.5	>8.5
pH 值偏高	频率/%	45.0	60.0	42.8	0

2.2　土壤有机质

2.2.1　土壤有机质基本概况

2.2.1.1　有机质基本情况

有机质在土壤肥力上的作用是多方面的,一方面是植物生长所需要的氮、磷、硫、微量元素等各种养分的主要来源,一方面又通过影响土壤物理、化学和生物学性质而改善肥力特性。有机质主要来源于有机肥和植物的根、茎、枝、叶的腐化变质及各种微生物等,基本成分主要为纤维素、木质素、淀粉、糖类、油脂和蛋白质等,为植物提供丰富的 C、H、O、S 及微量元素,可以直接被植物所吸收利用。土壤有机质含量高低主要受气候、植被、地形、土壤类型、耕作措施等因素的影响。

2.2.1.2　土壤有机质背景值

我国土壤有机质范围较广,全国范围内有机质背景值范围为 0.01%~91.5%,平均值为 3.1%。内蒙古自治区土壤有机质背景值范围为 0.01%~22.58%,平均值为 3.93%。我国及内蒙古自治区土壤有机质背景值统计量(中国环境监测总站,1990 年)见表 2-2-1。

表 2-2-1　我国土壤(A 层)有机质背景值统计量　%

区域	范围	中位值	算术平均值	几何平均值	95%范围值
全国	0.01~91.5	2.0	3.1±3.30	2.0±2.55	0.3~13.2
内蒙古自治区	0.01~22.58	2.06	3.93±4.194	2.03±3.607	12.06

2.2.1.3　**我国土壤有机质分布情况及分级指标**

有机质含量在不同土壤中差异很大,高的可达 200 g/kg 或 300 g/kg 以上(如泥炭土、一些森林土壤等),低的不足 5 g/kg 或 10 g/kg(如一些漠境土壤和沙质土壤等)。一般情况下,耕作层有机质含量通常在 50 g/kg 以上,常把耕作层中含有机质 200 g/kg 以上的土壤称为有机质土壤,含有机质在 200 g/kg 以下的土壤称为矿质土壤。

有机质含量的分级可作为土壤养分分级的主要依据,根据全国第二次土壤普查资料及有关标准,将土壤有机质含量分为六级(见表 2-2-2)。其中一级土壤有机质含量最高(有机质>40 g/kg),肥力等级描述为丰富;其次为二级土壤,肥力等级描述为较丰富(有机质 30~40 g/kg);再次为三级土壤,肥力等级描述为中等(有机质 20~30 g/kg);四级土壤肥力等级描述为缺乏(有机质 10~20 g/kg);五级土壤肥力等级描述为较缺(有机质 6~10 g/kg);六级土壤肥力等级描述为极缺(有机质<6 g/kg)。

表 2-2-2　我国土壤有机质分级标准
(我国第二次土壤普查数据)
单位:g/kg

土壤有机质分级	描述	有机质含量范围
一级	丰富	>40
二级	较丰富	30~40
三级	中等	20~30
四级	缺乏	10~20
五级	较缺	6~10
六级	极缺	<6

另外,在《绿色食品 产地环境质量》(NY/T 391—2021)中针对不同用途土壤将有机质分为三级(见表 2-2-3),并对各级进行分类描述。葡萄果园可参考园地土壤分级标准,其中Ⅰ级土壤有机质含量最高(有机质>20 g/kg),肥力等级描述为丰富;其次为Ⅱ级土壤(有机质 15~20 g/kg),肥力等级描述为尚可;再次为Ⅲ级土壤(有机质<15 g/kg),肥力等级描述为低于临界值。

表 2-2-3　我国绿色食品产地环境标准中土壤有机质分级标准
[《绿色食品 产地环境质量》(NY/T 391—2021)]　单位:g/kg

土壤类型	旱地	水田	菜地	园地	牧地	描述
Ⅰ级	>15	>25	>30	>20	>20	丰富
Ⅱ级	10~15	20~25	20~30	15~20	15~20	尚可
Ⅲ级	<10	<20	<20	<15	<15	低于临界值

2.2.2　葡萄生长的土壤有机质适宜范围

葡萄对土壤有机质适宜范围见表 2-2-4,即土壤有机质含量在 10~30 g/kg 时有机质供应充足,处于葡萄生长的适宜范围之内,而有机质值低于 10 g/kg 时有机质供应不足,低于葡萄生长的适宜范围,不利于葡萄生长,高于 30 g/kg 时有机质供应非常充足。

表 2-2-4　葡萄果园土壤有机质标准值范围　单位:g/kg

项目	适宜范围以下	适宜范围	适宜范围以上
有机质	<10	10~30	>30

2.2.3　有机质含量统计学特征

W 市不同区域葡萄果园土壤有机质统计学特征见表 2-2-5。总体来说,监测范围内葡萄果园土壤有机质范围为 3.35~29.20 g/kg,平均值为 10.38 g/kg,变异系数为 65.98%,有机质平均值低于全国土壤背景值(20.0 g/kg)和内蒙古自治区土壤背景值(39.3 g/kg),属于弱变异性。

表 2-2-5　土壤有机质统计量

区域	点位/个	统计量/(g/kg)					变异系数/%
		极小值	极大值	平均值	标准差	中位值	
全市区域	40	3.35	29.20	10.38	6.849	7.95	65.98
H 区	20	3.35	29.20	8.87	7.560	5.55	85.21
L 区	14	4.92	29.00	11.94	6.200	11.10	51.92
S 区	6	6.00	20.70	11.76	5.530	9.45	47.01

不同区域葡萄果园土壤有机质分布形态不同,全市区域果园土壤平均值(10.38 g/kg)大于中位值(7.95 g/kg),H 区果园土壤平均值(8.87 g/kg)稍大于中位值(5.55 g/kg),L 区

果园土壤平均值(11.94 g/kg)稍大于中位值(11.10 g/kg),S区果园土壤平均值(11.76 g/kg)稍大于中位值(9.45 g/kg),均属于正偏。

不同区域葡萄果园土壤有机质分布不同,但差异不明显,有机质平均值从大到小依次为L区(11.94 g/kg)>S区(11.76 g/kg)>H区(8.87 g/kg)。所有区域土壤有机质平均值均低于全国土壤背景值(20.0 g/kg)和内蒙古自治区土壤背景值(39.3 g/kg)。L区及S区葡萄果园土壤有机质平均水平高于全市区域,而H区土壤有机质平均水平则低于全市区域。

不同区域葡萄果园土壤有机质变异系数基本呈现1个层次,变异系数在47.01%~85.21%,均属于中等变异性,即有机质在空间分布上不均匀,说明区域内各采样点有机质含量受外界影响程度较大。

2.2.4 有机质分布特征

由土壤有机质分布特征(见表2-2-6)可以看出,不同区域果园土壤有机质分布偏度系数不同。全市区域果园土壤有机质分布偏度系数为1.264,H区、L区分别为1.625和1.665,均大于0且大于1,表明区域内土壤有机质呈明显的正偏态分布,即有机质较低的点位所占比例高于有机质较高的点位比例。而S区果园土壤有机质分布偏度系数为0.984,大于0但小于1,表明区域内土壤有机质呈稍微明显的正偏态分布,即有机质较低的点位所占比例稍微高于有机质较高的点位比例。由有机质分布形态直方图(见图2-2-1)可以很明显地看出不同区域果园土壤有机质的分布形态。

表2-2-6 土壤有机质分布特征

区域	点位/个	分布特征				K-S检验	
		偏度系数	偏度系数/标准误	峰度系数	峰度系数/标准误	统计量	Sig.
全市区域	40	1.264	3.380	1.021	1.394	0.183	0.002
H区	20	1.625	3.173	1.610	1.623	0.357	0.000
L区	14	1.665	2.787	3.675	3.184	0.168	0.200
S区	6	0.984	1.164	-0.244	-0.140	0.294	0.113

不同区域葡萄果园土壤有机质分布峰度系数不同。全市区域、H区、L区果园土壤有机质分布峰度系数分别为1.021、1.610、3.675,均大于0,为陡峭峰态,但H区和L区果园土壤有机质分布比较陡峭,而全市区域有机质分布则相对平缓。S区果园土壤有机质分布峰度系数为-0.244,小于0,为平缓峰态,表明区域内土壤有机质分布有点分散,但峰度系数绝对值较小,说明区域内有机质分散状态不明显,有机质值分布相对比较集中,极端值很少。由有机质分布形态Q-Q图(见图2-2-2)和箱式图(见图2-2-3)也可以很明显地看出各区域果园土壤有机质极端值的多少及偏离情况。

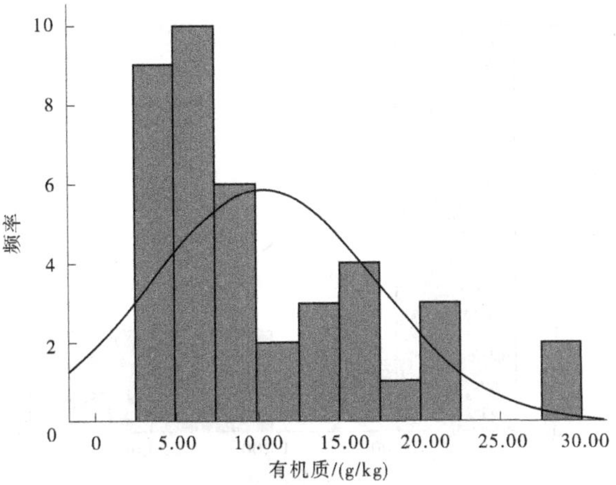

(a)全市区域

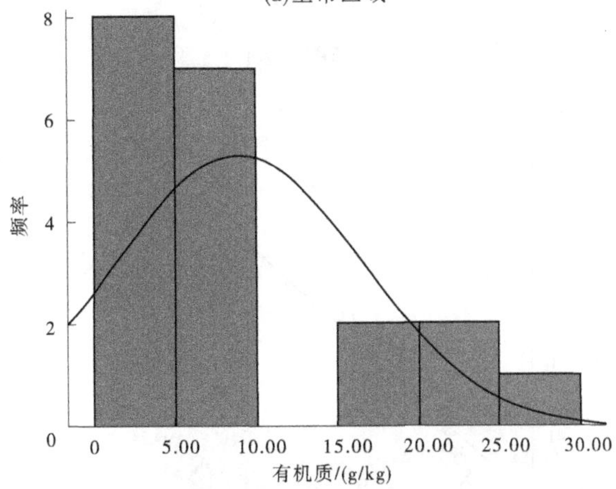

(b)H区

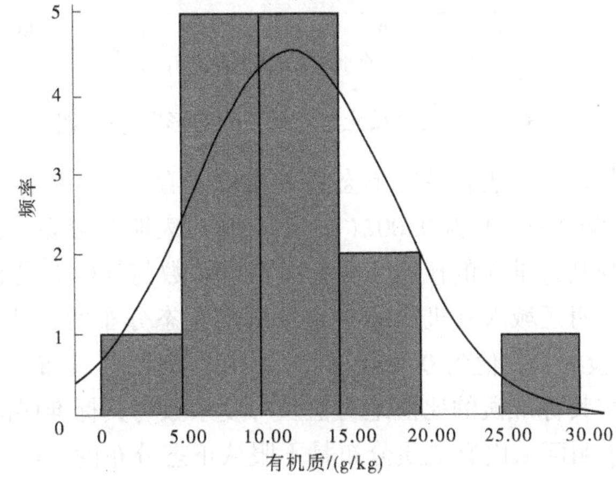

(c)L区

图 2-2-1　各区域土壤有机质分布形态直方图

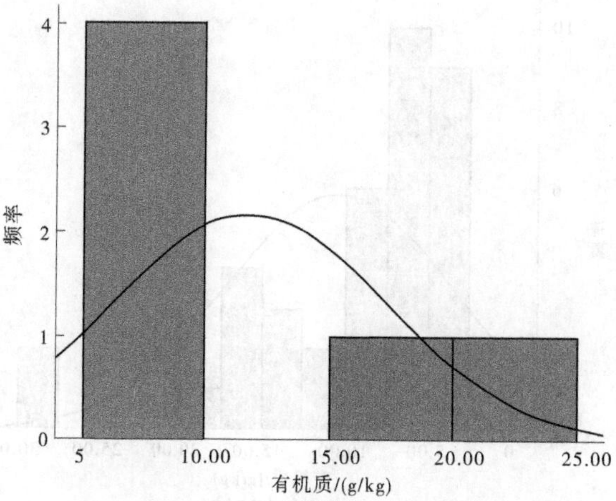

(d)S区

续图 2-2-1

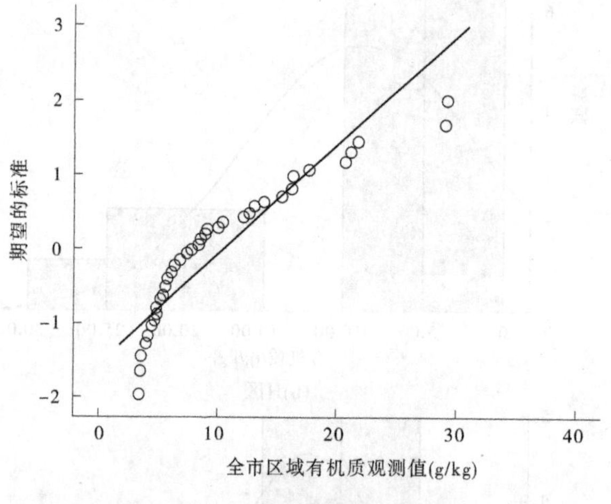

图 2-2-2　各区域土壤有机质分布形态 Q-Q 图

由有机质分布特征统计表及分布形态直方图可以看出,W 市全市区域内葡萄果园土壤有机质的 K-S 检验的 Sig. 值为 0. 002(小于 0. 01),表明其分布形态不服从正态分布,但其分布偏度系数与其标准误的比值绝对值及峰度系数与其标准误的比值绝对值分别为 3. 380 和 1. 394,也表明区域内有机质分布是不服从正态分布的。其中:H 区葡萄果园土壤有机质的 K-S 检验的 Sig. 值为 0. 000(小于 0. 01),表明其分布形态不服从正态分布,但其分布偏度系数与其标准误的比值绝对值及峰度系数与其标准误的比值绝对值分别为 3. 173 和 1. 623,也表明区域内有机质分布是不服从正态分布的。L 区葡萄果园土壤有机质的 K-S 检验的 Sig. 值为 0. 200(大于 0. 05),表明其分布形态在一定程度上服从正态分布,但其分布偏度系数与其标准误的比值绝对值及峰度系数与其标准误的比值绝对值分别为 2. 787 和 3. 184,均大于 1. 96,却表明区域内有机质分布是不服从正态性的,总体来说,L 区葡萄果园土壤有机质分布是不具备正态分布特征的。S 区葡萄果园土壤有机质

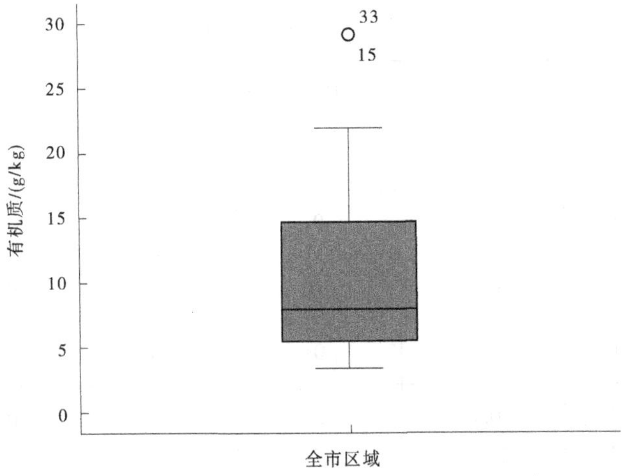

图 2-2-3　各区域土壤有机质分布形态箱式图

的 K-S 检验的 Sig. 值为 0. 113(大于 0. 05),表明其分布形态在一定程度上服从正态分布,且其分布偏度系数与其标准误的比值绝对值及峰度系数与其标准误的比值绝对值分别为 1. 164 和 0. 140,均不大于 1. 96,也表明区域内有机质分布是不拒绝正态性的,总体来说,S 区葡萄果园土壤有机质分布在一定程度上是具备正态分布特征的。

2. 2. 5　有机质分级结果

2. 2. 5. 1　按照我国第二次土壤普查分级标准分级结果

按照我国第二次土壤普查分级标准对 W 市葡萄果园土壤有机质分级结果见表 2-2-7。总体来说,监测区域内葡萄果园中,12. 5%土壤有机质含量在 20~30 g/kg,25. 0%土壤有机质含量在 10~20 g/kg,30. 0%土壤有机质含量在 6~10 g/kg,32. 5%土壤有机质含量小于 6 g/kg,土壤有机质含量没有大于 40 g/kg 的点位和含量水平在 30~40 g/kg 的点位。即监测区域内葡萄果园中土壤有机质含量 12. 5%处于三级水平、25. 0%处于四级水平、30. 0%处于五级水平、32. 5%处于六级水平,有机质含量水平没有一级监测点位和二级监测点位。不同区域葡萄果园土壤有机质分级结果存在一定差异,其中:L 区葡萄果园土壤有机质含量相对较高些,57. 1%监测点位果园土壤有机质含量为三级水平(20~30 g/kg)或四级水平(10~20 g/kg),其余 42. 9%监测点位果园土壤有机质含量为五级水平(6~10 g/kg)或六级水平(<6 g/kg),有机质含量水平没有一级监测点位和二级监测点位。其次为 S 区,33. 4%监测点位果园土壤有机质含量为三级水平(20~30 g/kg)或四级水平(10~20 g/kg),其余 66. 6%监测点位果园土壤有机质含量为五级水平(6~10 g/kg)或六级水平(<6 g/kg),有机质含量水平没有一级监测点位和二级监测点位。H 区葡萄果园土壤有机质含量相对更低,25. 0%监测点位果园土壤有机质含量为三级水平(20~30 g/kg)或四级水平(10~20 g/kg),15. 0%监测点位果园土壤有机质含量为五级水平(6~10 g/kg),60. 0%监测点位果园土壤有机质含量为六级水平(<6 g/kg),有机质含量水平没有一级监测点位和二级监测点位。

表 2-2-7　土壤有机质含量分级结果

（参照全国第二次土壤普查分级标准）

类别	区域	全市区域	H 区	L 区	S 区	分级指标/(g/kg)
	总点位/个	40	20	14	6	
一级	点位/个	0	0	0	0	>40
	占比/%	0.0	0.0	0.0	0.0	
二级	点位/个	0	0	0	0	30~40
	占比/%	0.0	0.0	0.0	0.0	
三级	点位/个	5	3	1	1	20~30
	占比/%	12.5	15.0	7.1	16.7	
四级	点位/个	10	2	7	1	10~20
	占比/%	25.0	10.0	50.0	16.7	
五级	点位/个	12	3	5	4	6~10
	占比/%	30.0	15.0	35.8	66.6	
六级	点位/个	13	12	1	0	<6
	占比/%	32.5	60.0	7.1	0.0	

2.2.5.2　参照绿色食品产地环境标准分级结果

参照《绿色食品 产地环境质量》(NY/T 391—2021)的要求，对 W 市葡萄果园土壤有机质含量进行分级，结果见表 2-2-8。总体来说，监测区域内葡萄果园中，12.5%土壤有机质含量大于 20 g/kg，12.5%土壤有机质含量在 15~20 g/kg，75.0%土壤有机质含量小于 15 g/kg。即按照《绿色食品 产地环境质量》(NY/T 391—2021)的要求进行分级，监测区域内葡萄果园中土壤有机质含量以Ⅲ级为主，占总样品点位的 75.0%，其次为Ⅰ级水平和Ⅱ级水平，各占总样品点位的 12.5%。不同区域葡萄果园土壤有机质分级结果基本一致，但略有差异，其中：H 区葡萄果园中，15.0%土壤有机质含量大于 20 g/kg，10.0%土壤有机质含量在 15~20 g/kg，75.0%土壤有机质含量小于 15 g/kg。即按照《绿色食品 产地环境质量》(NY/T 391—2021)的要求进行分级，监测区域内葡萄果园中土壤有机质含量以Ⅲ级为主，占总样品点位的 75.0%，其次为Ⅰ级水平和Ⅱ级水平，分别占总样品点位的 15.0%和 10.0%。L 区葡萄果园中，7.1%土壤有机质含量大于 20 g/kg，14.3%土壤有机质含量在 15~20 g/kg，78.6%土壤有机质含量小于 15 g/kg。即按照《绿色食品 产地环境质量》(NY/T 391—2021)的要求进行分级,监测区域内葡萄果园中土壤有机质含量以Ⅲ级为主,占总样品点位的 78.6%,其次为Ⅰ级水平和Ⅱ级水平,分别占总样品点位的 7.1%和 14.3%。S 区葡萄果园中,16.7%土壤有机质含量大于 20 g/kg,16.7%土壤有机质含量在 15~20 g/kg,66.6%土壤有机质含量小于 15 g/kg。即按照《绿色食品 产地环境质量》(NY/T 391—2021)的要求进行分级,监测区域内葡萄果园中土壤有机质含量以Ⅲ级为主,占总样品点位的 66.6%,其次为Ⅰ级水平和Ⅱ级水平,各占总样品点位的 16.7%。

表 2-2-8　土壤有机质含量分级结果

(参照绿色食品产地环境标准)

类别	区域	全市区域	H 区	L 区	S 区	分级指标/(g/kg)
	总点位/个	40	20	14	6	
Ⅰ级	点位/个	5	3	1	1	>20
	占比/%	12.5	15.0	7.1	16.7	
Ⅱ级	点位/个	5	2	2	1	15~20
	占比/%	12.5	10.0	14.3	16.7	
Ⅲ级	点位/个	30	15	11	4	<15
	占比/%	75.0	75.0	78.6	66.6	

可见 W 市葡萄果园土壤中有机质含量整体水平不高,基本上以Ⅲ级水平为主,Ⅰ级水平和Ⅱ级水平总体占比不高,建议加强有机肥的施用。

2.2.6　葡萄果园土壤有机质适宜性评价

不同区域葡萄果园土壤有机质适宜性分析见表 2-2-9。总体来说,监测区域内葡萄果园中,没有土壤有机质含量高于生长适宜值高限阈值(30 g/kg)的监测点;37.5%监测点土壤有机质处于 10~30 g/kg,有机质营养供应充足,适宜于葡萄生长;62.5%监测点土壤有机质低于葡萄生长适宜值低限阈值(10 g/kg),有机质营养供应不足,不利于葡萄的正常生长。不同区域葡萄果园土壤有机质适宜性评价结果基本一致,但略有差异,其中:H 区葡萄果园土壤中,没有有机质含量高于生长适宜值高限阈值(30 g/kg)的监测点,25.0%监测点含量适宜于葡萄的正常生长(10~30 g/kg),75.0%监测点低于葡萄生长适宜值低限阈值(10 g/kg)。L 区葡萄果园土壤中,没有有机质含量高于生长适宜值高限阈值(30 g/kg)的监测点,57.1%监测点含量适宜于葡萄的正常生长(10~30 g/kg),42.9%监测点低于葡萄生长适宜值低限阈值(10 g/kg)。S 区葡萄果园土壤中,没有有机质含量高于生长适宜值高限阈值(30 g/kg)的监测点,33.3%监测点含量适宜于葡萄的正常生长(10~30 g/kg),66.7%监测点低于葡萄生长适宜值低限阈值(10 g/kg)。

可以看出，监测范围内葡萄果园土壤中有机质含量整体上偏低，仅37.5%监测点果园土壤有机质含量处于葡萄生长适宜及以上范围，有机质营养供应充足；62.5%监测点果园土壤有机质含量低于生长适宜值低限阈值；监测范围内葡萄果园土壤中有机质含量适宜性一般，37.5%监测点果园土壤中有机质含量比较适中；62.5%监测点果园土壤中有机质含量偏低。

表 2-2-9　葡萄果园土壤有机质适宜性分析

类别		全市区域	H 区	L 区	S 区
二级	阈值/(g/kg)	>30	>30	>30	>30
	占比/%	0.0	0.0	0.0	0.0
三级	阈值/(g/kg)	10~30	10~30	10~30	10~30
	占比/%	37.5	25.0	57.1	33.3
四级	阈值/(g/kg)	<10	<10	<10	<10
	占比/%	62.5	75.0	42.9	66.7

2.3　土壤全氮

2.3.1　土壤全氮基本概况

2.3.1.1　土壤中氮基本情况

土壤氮素是作物生长所必需的大量营养元素之一，同时又是土壤微生物自身合成和分解所需的能量。我国土壤中氮素含量多在0.2~5.0 g/kg，其含量主要取决于气候、地形、植被、母质、质地及利用方式、耕作管理、施肥制度等。土壤氮含量与有机质含量有密切关系，我国土壤全氮含量呈南北略高、中部略低的趋势。

2.3.1.2　我国土壤全氮含量分级标准

根据全国第二次土壤普查资料及有关标准，将土壤全氮含量分为六级（见表2-3-1）。其中一级土壤全氮含量最高（全氮>0.2%），肥力等级描述为丰富；其次为二级土壤，肥力等级描述为较丰富（全氮0.15%~0.2%）；再次为三级土壤，肥力等级描述为中等（全氮0.1%~0.15%）；四级土壤肥力等级描述为缺乏（全氮0.075%~0.1%）；五级土壤肥力等级描述为较缺（全氮0.05%~0.075%）；六级土壤肥力等级描述为极缺（全氮<0.05%）。

另外，《绿色食品 产地环境质量》（NY/T 391—2021）中针对不同用途土壤将全氮分为三级（见表2-3-2），并对各级进行分类描述。葡萄果园可参考园地土壤分级标准，其中Ⅰ级土壤全氮含量最高（全氮>1.0 g/kg），肥力等级描述为丰富；其次为Ⅱ级土壤（全氮0.8~1.0 g/kg），肥力等级描述为尚可；再次为Ⅲ级土壤（全氮<0.8 g/kg），肥力等级描述为低于临界值。

表 2-3-1　我国土壤全氮分级标准

（参考我国第二次土壤普查分级指标）

土壤全氮分级	描述	全氮含量范围/%
一级	丰富	>0.2
二级	较丰富	0.15~0.2
三级	中等	0.1~0.15
四级	缺乏	0.075~0.1
五级	较缺	0.05~0.075
六级	极缺	<0.05

表 2-3-2　我国绿色食品产地环境标准中土壤全氮分级标准

［引自《绿色食品 产地环境质量》(NY/T 391—2021)］　单位:g/kg

土壤类型	旱地	水田	菜地	园地
Ⅰ级	>1.0	>1.2	>1.2	>1.0
Ⅱ级	0.8~1.0	1.0~1.2	1.0~1.2	0.8~1.0
Ⅲ级	<0.8	<1.0	<1.0	<0.8

2.3.2　葡萄生长的土壤氮含量适宜范围

参照《茶叶产地环境技术条件》(NY/T 853—2004)要求，设置葡萄果园土壤氮含量适宜范围(见表 2-3-3)，即土壤全氮含量在 0.8~1.0 g/kg 或有效氮含量在 50~150 mg/kg 时氮素供应充足，处于植物生长的适宜范围之内，果园管理中不需要着重加强氮素肥料的施用；而全氮含量低于 0.8 g/kg 或有效氮含量低于 50 mg/kg 时氮素供应不足，低于适宜范围，不利于葡萄生长，果园管理中要特别注意增加氮素肥料的投入；在全氮含量高于 1.0 g/kg 或有效氮含量高于 150 mg/kg 时氮素供应非常充足，果园管理中不必刻意增加氮素肥料的投入。

表 2-3-3　葡萄果园土壤氮适宜值范围

项目	适宜范围以下	适宜范围	适宜范围以上
全氮/(g/kg)	<0.8	0.8~1.0	>1.0
有效氮/(mg/kg)	<50	50~150	>150

注：全氮参照《茶叶产地环境技术条件》(NY/T 853—2004)。

2.3.3　全氮含量统计学特征

W 市不同区域葡萄果园土壤全氮统计学特征见表 2-3-4。总体来说,监测范围内葡萄果园土壤全氮范围为 0.048~1.540 g/kg,平均值为 0.388 g/kg,变异系数为 90.80%,属于中等变异性。

表 2-3-4　土壤全氮统计量

区域	点位/个	统计量/(g/kg)					变异系数/%
		极小值	极大值	平均值	标准差	中位值	
全市区域	40	0.048	1.540	0.388	0.352	0.263	90.80
H 区	20	0.048	1.540	0.332	0.420	0.130	126.56
L 区	14	0.142	1.000	0.448	0.246	0.387	55.01
S 区	6	0.155	1.020	0.437	0.339	0.310	77.61

不同区域葡萄果园土壤全氮分布形态基本一致。全市区域、H 区、L 区、S 区果园土壤全氮含量平均值分别为 0.388 g/kg、0.332 g/kg、0.448 g/kg 和 0.437 g/kg,均稍大于相应区域果园土壤全氮含量中位值(分别为 0.263 g/kg、0.130 g/kg、0.387 g/kg 和 0.310 g/kg),均属于正偏。

不同区域葡萄果园土壤全氮分布不同,但差异不明显,全氮平均值从大到小依次为 L 区(0.448 g/kg)>S 区(0.437 g/kg)>H 区(0.332 g/kg)。L 区及 S 区葡萄果园土壤全氮平均水平高于全市区域,而 H 区土壤全氮平均水平则低于全市区域。这与 W 市葡萄果园土壤有机质分布规律基本一致。

不同区域葡萄果园土壤全氮变异系数基本呈现 2 个层次,全市区域、L 区、S 区土壤全氮含量变异系数分别为 90.80%、55.01%和 77.61%,均属于中等变异性,即全氮在空间分布上不均匀,说明区域内各采样点全氮含量受外界影响程度较大。而 H 区土壤全氮含量变异系数为 126.56%,属于强变异性,即全氮在空间分布上非常不均匀,说明区域内各采样点全氮含量受外界影响程度非常大。

2.3.4　全氮分布特征

由统计结果可以看出(见表 2-3-5),不同区域果园土壤全氮分布偏度系数不同,全市区域、H 区、L 区、S 区葡萄果园土壤全氮分布偏度系数分别为 1.401、1.764、1.316 和 1.201,均大于 0 且大于 1,表明区域内土壤全氮呈明显的正偏态分布,即全氮较低的点位所占比例高于全氮较高的点位比例。由全氮分布直方图(见图 2-3-1)可以很明显地看出不同区域果园土壤全氮的分布形态。

不同区域葡萄果园土壤全氮分布峰度系数不同。全市区域、H 区、L 区、S 区果园土壤全氮分布峰度系数分别为 1.699、2.466、1.435 和 0.663,均大于 0,均为陡峭峰态。由全氮分布形态 Q-Q 图(见图 2-3-2)和箱式图(见图 2-3-3)也可以很明显地看出各区域果园土壤全氮含量极端值的多少及偏离情况。

表 2-3-5　土壤全氮分布特征

区域	点位/个	分布特征				K-S 检验	
		偏度系数	偏度系数/标准误	峰度系数	峰度系数/标准误	统计量	Sig.
全市区域	40	1. 401	3. 749	1. 699	2. 319	0. 167	0. 006
H 区	20	1. 764	3. 444	2. 466	2. 485	0. 311	0. 000
L 区	14	1. 316	2. 203	1. 435	1. 243	0. 220	0. 065
S 区	6	1. 201	1. 421	0. 663	0. 381	0. 258	0. 200

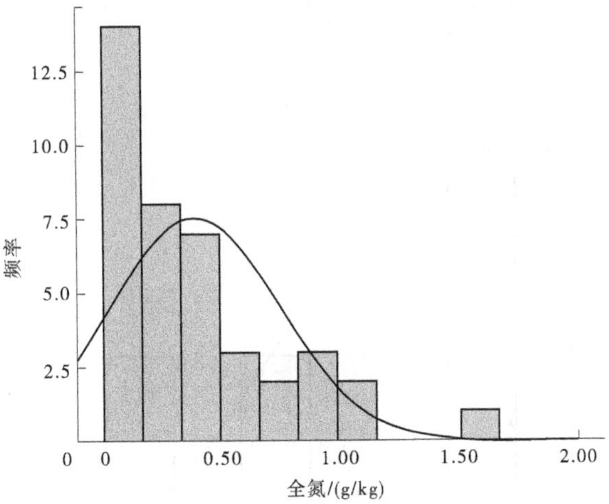

(a)全市区域

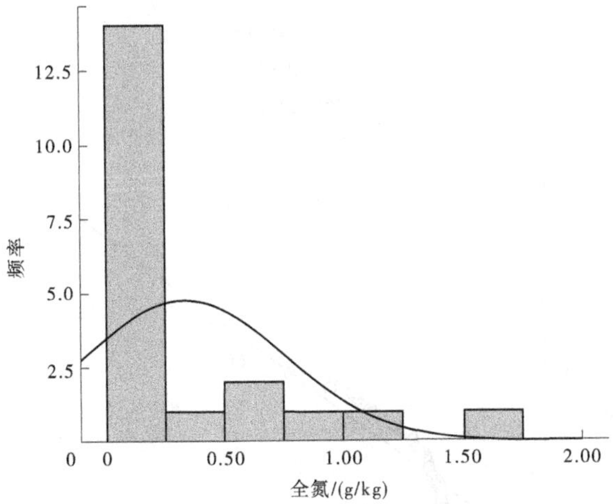

(b)H区

图 2-3-1　各区域土壤全氮含量分布形态直方图

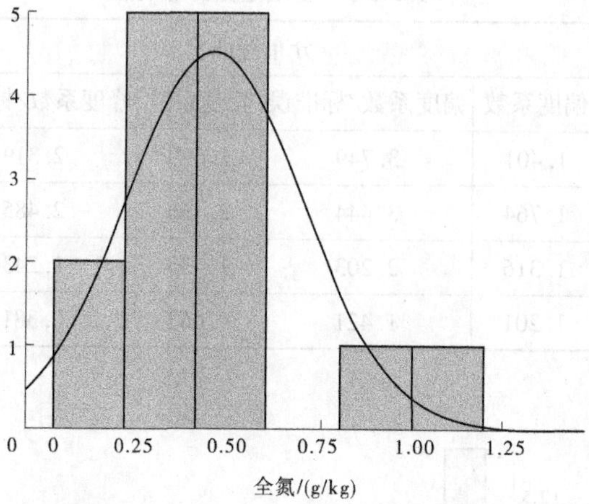

(c)L区

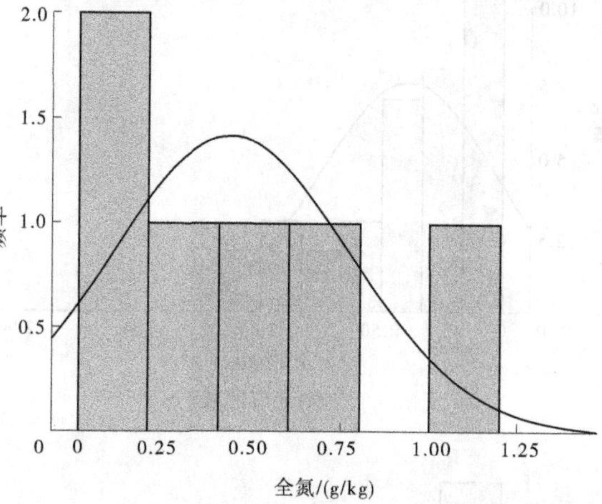

(d)S区

续图 2-3-1

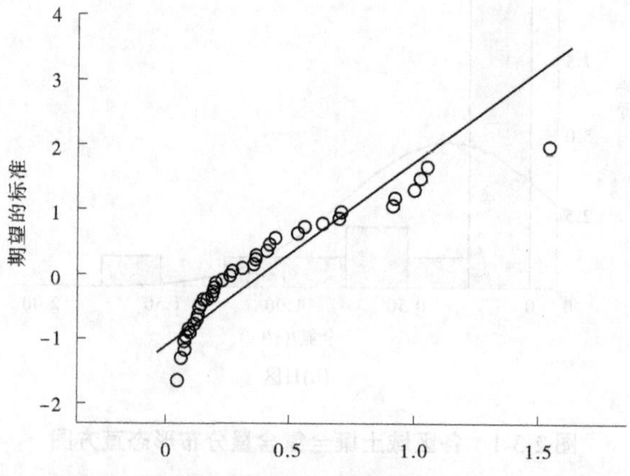

图 2-3-2 各区域土壤全氮含量分布形态 Q–Q 图

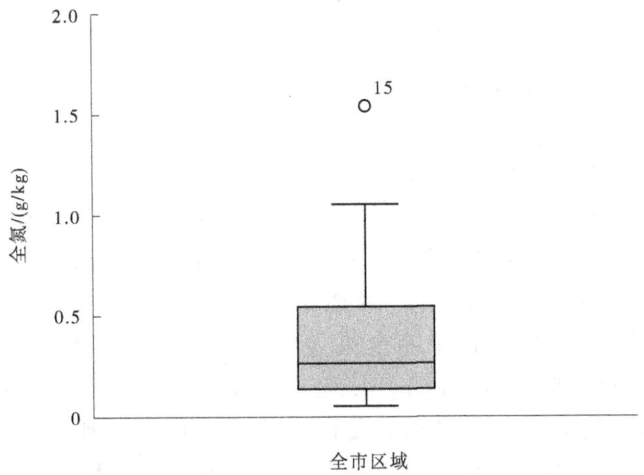

图 2-3-3　各区域土壤全氮含量分布形态箱式图

由全氮分布特征统计表及分布形态直方图可以看出,W 市全市区域葡萄果园土壤全氮的 K-S 检验的 Sig. 值为 0.006(小于 0.01),表明其分布形态不服从正态分布,但其分布偏度系数与其标准误的比值绝对值及峰度系数与其标准误的比值绝对值分别为 3.749 和 2.319,均大于 1.96,也表明区域内全氮分布是不服从正态分布的。其中:H 区葡萄果园土壤全氮的 K-S 检验的 Sig. 值为 0.000(小于 0.01),表明其分布形态不服从正态分布,但其分布偏度系数与其标准误的比值绝对值及峰度系数与其标准误的比值绝对值分别为 3.444 和 2.485,均大于 1.96,也表明区域内全氮分布是不服从正态分布的。L 区葡萄果园土壤全氮的 K-S 检验的 Sig. 值为 0.065(大于 0.05),表明其分布形态在一定程度上服从正态分布,但其分布偏度系数与其标准误的比值绝对值及峰度系数与其标准误的比值绝对值分别为 2.203 和 1.243,即表明区域内全氮分布是不服从正态性的。总体来说,L 区葡萄果园土壤全氮分布是不具备正态分布特征的。S 区葡萄果园土壤全氮的 K-S 检验的 Sig. 值为 0.200(大于 0.05),表明其分布形态在一定程度上服从正态分布,且其分布偏度系数与其标准误的比值绝对值及峰度系数与其标准误的比值绝对值分别为 1.421 和 0.381,均不大于 1.96,也表明区域内全氮分布是不拒绝正态性的,总体来说,S 区葡萄果园土壤全氮分布在一定程度上是具备正态分布特征的。

2.3.5　全氮分级结果

2.3.5.1　按照我国第二次土壤普查分级标准分级结果

按照我国第二次土壤普查分级标准对 W 市葡萄果园土壤全氮分级结果见表 2-3-6。总体来说,监测区域内葡萄果园中,2.5%土壤全氮含量在 1.5~2.0 g/kg,7.5%土壤全氮含量在 1.0~1.5 g/kg,5.0%土壤全氮含量在 0.75~1.0 g/kg,12.5%土壤全氮含量在 0.5~0.75 g/kg,72.5%土壤全氮含量小于 0.5 g/kg,土壤全氮含量没有大于 2.0 g/kg 的点位。即监测区域内葡萄果园中土壤全氮含量 2.5%处于二级水平,7.5%处于三级水平、5.0%处于四级水平、12.5%处于五级水平、72.5%处于六级水平,全氮含量水平没有一级监测点位。可见 W 市葡萄果园土壤全氮含量水平整体较低,较高含量水平(一级和二级)土壤点位仅占比 2.5%,中等含量水平(三级和四级)土壤点位仅占比 12.5%,高达85.0%的点位土壤全氮含量水平处于中等以下水平(五级和六级)。不同区域葡萄果园土壤全氮分级结果存在一定差异,但总体情况基本一致,其中:H 区葡萄果园全氮含量,5.0%处于二级水平(1.5~2.0 g/kg),5.0%处于三级水平(1.0~1.5 g/kg)、5.0%处于四级水平(0.75~1.0 g/kg)、10.0%处于五级水平(0.5~0.75 g/kg)、75.0%处于六级水平(<0.5 g/kg),全氮含量水平没有一级(>2.0 g/kg)监测点位。可见 H 区葡萄果园土壤全氮含量水平整体较低,较高含量水平(一级和二级)土壤点位仅占比 5.0%,中等含量水平(三级和四级)土壤点位仅占比 10.0%,高达 85.0%的点位土壤全氮含量水平处于中等以下水平(五级和六级)。L 区葡萄果园全氮含量,7.1%处于三级水平(1.0~1.5 g/kg)、7.1%处于四级水平(0.75~1.0 g/kg)、14.3%处于五级水平(0.5~0.75 g/kg)、71.5%处于六级水平(<0.5 g/kg),全氮含量水平没有一级(>2.0 g/kg)和二级(1.5~2.0 g/kg)监测点位。可见 L 区葡萄果园土壤全氮含量水平整体非常低,没有较高含量水平(一级和二级)土壤点位,中等含量水平(三级和四级)土壤点位仅占比 14.2%,高达 85.8%的点位土壤全氮含量水平处于中等以下水平(五级和六级)。S 区葡萄果园全氮含量,16.7%处于三级水平(1.0~1.5 g/kg)、16.7%处于五级水平(0.5~0.75 g/kg)、66.6%处于六级水平(<0.5 g/kg),全氮含量水平没有一级(>2.0 g/kg)、二级(1.5~2.0 g/kg)和四级水平(0.75~1.0 g/kg)监测点位。可见 S 区葡萄果园土壤全氮含量水平整体非常低,没有较高含量水平(一级和二级)土壤点位,中等含量水平(三级和四级)土壤点位仅占比16.7%,高达 83.3%的点位土壤全氮含量水平处于中等以下水平(五级和六级)。

表 2-3-6　土壤全氮含量分级结果

(参照全国第二次土壤普查分级标准)

类别	区域	全市区域	H 区	L 区	S 区	分级指标/(g/kg)
	总点位/个	40	20	14	6	
一级	点位/个	0	0	0	0	>2.0
	占比/%	0.0	0.0	0.0	0.0	
二级	点位/个	1	1	0	0	1.5~2.0
	占比/%	2.5	5.0	0.0	0.0	
三级	点位/个	3	1	1	1	1.0~1.5
	占比/%	7.5	5.0	7.1	16.7	
四级	点位/个	2	1	1	0	0.75~1.0
	占比/%	5.0	5.0	7.1	0.0	
五级	点位/个	5	2	2	1	0.5~0.75
	占比/%	12.5	10.0	14.3	16.7	
六级	点位/个	29	15	10	4	<0.5
	占比/%	72.5	75.0	71.5	66.6	

2.3.5.2　参照绿色食品产地环境标准分级结果

参照《绿色食品 产地环境质量》(NY/T 391—2021)的要求,对 W 市葡萄果园土壤全氮含量进行分级,结果见表 2-3-7。总体来说,监测区域内葡萄果园中,7.5%土壤全氮含量大于 1.0 g/kg,7.5%土壤全氮含量在 0.8~1.0 g/kg,85.0%土壤全氮含量小于 0.8 g/kg。即按照《绿色食品 产地环境质量》(NY/T 391—2021)的要求进行分级,监测区域内葡萄果园中土壤全氮含量以Ⅲ级(低于临界值)为主,占总样品点位的 85.0%,其次为Ⅰ级水平(含量丰富)和Ⅱ级水平(含量尚可),仅各占总样品点位的 7.5%。可见 W 市葡萄果园土壤全氮含量水平整体非常低。不同区域葡萄果园土壤全氮分级结果基本一致,但略有差异,其中:H 区葡萄果园中,10.0%土壤全氮含量大于 1.0 g/kg,5.0%土壤全氮含量在 0.8~1.0 g/kg,85.0%土壤全氮含量小于 0.8 g/kg。即按照《绿色食品 产地环境质量》(NY/T 391—2021)的要求进行分级,监测区域内葡萄果园中土壤全氮含量以Ⅲ级(低于临界值)为主,占总样品点位的 85.0%,其次为Ⅰ级水平(含量丰富)和Ⅱ级水平(含量尚可),分别仅占比总样品点位的 10.0%和 5.0%。可见 H 区葡萄果园土壤全氮含量水平整体非常低。L 区葡萄果园中, 14.3%土壤全氮含量在 0.8~1.0 g/kg,85.7%土壤全氮含量小于 0.8 g/kg,没有全氮含量大于 1.0 g/kg 的果园土壤点位。即按照《绿色食品 产地环境质量》(NY/T 391—2021)的要求进行分级,监测区域内葡萄果园中土壤全氮含量以Ⅲ级(低于临界值)为主,占总样品点位的 85.7%,其次为Ⅱ级水平(含量尚可),仅占总样品点位的 14.3%,没有Ⅰ级水平(含量丰富)土壤点位。可见 L 区葡萄果园土壤全氮含量水平整体非常低。S 区葡萄果园中,16.7%土壤全氮含量大于 1.0 g/kg,83.3%土壤全氮含量小于 0.8 g/kg,没有土壤全氮含量在 0.8~1.0 g/kg 的点位。即按照《绿色食品 产地环境质量》(NY/T 391—2021)的要求进行分级,监测区域内葡萄果园中土壤全氮含量以Ⅲ级(低于临界值)为主,占总样品点位的 83.3%,其次为Ⅰ级水平(含量丰富)仅占总样品点位的 16.7%,没有Ⅱ级水平(含量尚可)土壤点位。可见 S 区葡萄果园土壤全氮含量水平也是整体非常低的。

表 2-3-7　土壤全氮含量分级结果

(参照绿色食品产地环境标准)

类别	区域	全市区域	H 区	L 区	S 区	分级指标/(g/kg)
	总点位/个	40	20	14	6	
Ⅰ级	点位/个	3	2	0	1	>1.0
	占比/%	7.5	10.0	0	16.7	
Ⅱ级	点位/个	3	1	2	0	0.8~1.0
	占比/%	7.5	5.0	14.3	0	
Ⅲ级	点位/个	34	17	12	5	<0.8
	占比/%	85.0	85.0	85.7	83.3	

可见 W 市葡萄果园土壤中全氮含量整体水平不高,基本上以Ⅲ级水平为主,Ⅰ级水平和Ⅱ级水平总体占比不高,建议加强有机肥的施用。

2.3.6 葡萄果园土壤氮含量适宜性评价

不同区域葡萄果园土壤全氮适宜性分析见表 2-3-8。总体来说,W 市葡萄果园中,7.5%监测点土壤全氮含量高于生长适宜值高限阈值(1.0 g/kg),全氮营养供应非常充足,果园管理中不必刻意增加氮素肥料的投入;7.5%监测点土壤全氮含量处于 0.8~1.0 g/kg,全氮营养供应充足,适宜于葡萄生长,果园管理中不需要着重加强氮素肥料的施用;85.0%监测点土壤全氮含量低于葡萄生长适宜值低限阈值(0.8 g/kg),全氮营养供应不足,不利于葡萄的正常生长,果园管理中要特别注意增加氮素肥料的投入。不同区域葡萄果园土壤全氮适宜性评价结果基本一致,但略有差异,其中:H 区葡萄果园中,10.0%监测点土壤全氮含量高于生长适宜值高限阈值(1.0 g/kg),全氮营养供应非常充足,果园管理中不必刻意增加氮素肥料的投入;5.0%监测点土壤全氮含量处于 0.8~1.0 g/kg,全氮营养供应充足,适宜于葡萄生长,果园管理中不需要着重加强氮素肥料的施用;85.0%监测点土壤全氮含量低于葡萄生长适宜值低限阈值(0.8 g/kg),全氮营养供应不足,不利于葡萄的正常生长,果园管理中要特别注意增加氮素肥料的投入。L 区葡萄果园中,没有土壤全氮含量高于生长适宜值高限阈值(1.0 g/kg)的监测点位;14.3%监测点土壤全氮含量处于 0.8~1.0 g/kg,全氮营养供应充足,适宜于葡萄生长,果园管理中不需要着重加强氮素肥料的施用;85.7%监测点土壤全氮含量低于葡萄生长适宜值低限阈值(0.8 g/kg),全氮营养供应不足,不利于葡萄的正常生长,果园管理中要特别注意增加氮素肥料的投入。S 区葡萄果园中,16.7%监测点土壤全氮含量高于生长适宜值高限阈值(1.0 g/kg),全氮营养供应非常充足,果园管理中不必刻意增加氮素肥料的投入;没有土壤全氮含量处于 0.8~1.0 g/kg 的监测点位;83.3%监测点土壤全氮含量低于葡萄生长适宜值低限阈值(0.8 g/kg),全氮营养供应不足,不利于葡萄的正常生长,果园管理中要特别注意增加氮素肥料的投入。

表 2-3-8 葡萄果园土壤全氮含量适宜性分析

类别		全市区域	H 区	L 区	S 区
二级	阈值/(g/kg)	>1.0	>1.0	>1.0	>1.0
	占比/%	7.5	10.0	0	16.7
三级	阈值/(g/kg)	0.8~1.0	0.8~1.0	0.8~1.0	0.8~1.0
	占比/%	7.5	5.0	14.3	0
四级	阈值/(g/kg)	<0.8	<0.8	<0.8	<0.8
	占比/%	85.0	85.0	85.7	83.3

可以看出:①监测范围内葡萄果园土壤中全氮含量整体上偏低,仅 15.0%监测点果

园土壤全氮含量处于葡萄生长适宜及以上范围,全氮营养供应充足;85.0%监测点果园土壤全氮含量低于生长适宜值低限阈值。②监测范围内葡萄果园土壤中全氮含量适宜性较差,15.0%监测点果园土壤中全氮含量处于适中范围以上;高达 85.0%监测点果园土壤中全氮含量偏低。

2.4　土壤有效磷

2.4.1　土壤磷素基本情况

2.4.1.1　土壤中磷基本情况

磷是植物必需营养元素之一,对作物生长和健康的作用仅次于氮素。我国土壤磷含量在 0.017%～0.109%,大部分土壤中磷的含量为 0.043%～0.066%。土壤中磷分为有机磷和无机磷两种形态,在大多数土壤中,磷以无机形态为主,主要包括矿物态磷、吸附态磷、水溶态磷。许多情况下,土壤的供磷能力与全磷含量关系不大,影响土壤供磷能力的土壤因素主要包括土壤 pH 值、有机质种类及含量、无机胶体种类及性质、土壤质地、土壤水分、土壤温度及元素之间的相互作用。土壤中磷的一个主要来源是母岩或母质的风化,另一个重要的来源是施肥、农药等土壤利用过程中进入土壤的磷。

2.4.1.2　我国土壤中磷素含量分级标准

根据全国第二次土壤普查资料及有关标准,将土壤有效磷含量分为六级(见表 2-4-1)。其中一级土壤有效磷含量最高(有效磷>40 mg/kg),肥力等级描述为丰富;其次为二级土壤,肥力等级描述为较丰富(有效磷 20～40 mg/kg);再次为三级土壤,肥力等级描述为中等(有效磷 10～20 mg/kg);四级土壤肥力等级描述为缺乏(有效磷 5～10 mg/kg);五级土壤肥力等级描述为较缺(有效磷 3～5 mg/kg);六级土壤肥力等级描述为极缺(有效磷<3 mg/kg)。

表 2-4-1　我国土壤有效磷含量分级标准

(参考我国第二次土壤普查分级指标)

土壤速效磷分级	描述	速效磷含量范围/(mg/kg)
一级	丰富	>40
二级	较丰富	20～40
三级	中等	10～20
四级	缺乏	5～10
五级	较缺	3～5
六级	极缺	<3

另外,在我国《绿色食品 产地环境质量》(NY/T 391—2021)标准中针对不同用途土壤将有效磷分为三级(见表 2-4-2),并对各级进行分类描述。葡萄果园可参考园地土壤分级标准,其中Ⅰ级土壤有效磷含量最高(有效磷>10 mg/kg),肥力等级描述为丰富;其

次为Ⅱ级土壤(有效磷 5~10 mg/kg),肥力等级描述为尚可;再次为Ⅲ级土壤(有效磷<5 mg/kg),肥力等级描述为低于临界值。

表 2-4-2　我国绿色食品产地环境标准中土壤有效磷分级标准

[引自《绿色食品 产地环境质量》(NY/T 391—2021)]　单位:mg/kg

土壤类型	旱地	水田	菜地	园地	牧地
Ⅰ级	>10	>15	>40	>10	>10
Ⅱ级	5~10	10~15	20~40	5~10	5~10
Ⅲ级	<5	<10	<20	<5	<5

2.4.2　葡萄生长的土壤有效磷适宜范围

葡萄果园土壤有效磷含量适宜范围(见表 2-4-3),即土壤有效磷含量高于 150 mg/kg 时磷素含量水平很高,能够为葡萄生长提供非常充足的磷素,果园管理中不必刻意增加含磷肥料的投入;土壤有效磷含量在 25~150 mg/kg 时磷素含量水平较高,能够满足葡萄生长所需的磷素供应,果园管理中不需要着重加强含磷肥料的施用;土壤有效磷含量在 15~25 mg/kg 时磷素含量水平中等,不足以满足葡萄生长所需的磷素供应,果园管理中应适当增加含磷肥料的施用即可;而有效磷含量低于 15 mg/kg 时磷素含量水平较低,不利于葡萄生长,不能够满足葡萄生长所需的磷素供应,果园管理中要特别注意增加含磷肥料的投入。

表 2-4-3　葡萄果园土壤有效磷标准值范围

分级指标	有效磷/(mg/kg)	描述
一级	>150	很高
二级	25~150	高
三级	15~25	中
四级	<15	低

2.4.3　有效磷含量统计学特征

W 市不同区域葡萄果园土壤有效磷统计学特征见表 2-4-4。总体来说,监测范围内葡萄果园土壤有效磷含量范围为 4.80~168.30 mg/kg,平均值为 47.51 mg/kg,变异系数为 96.46%,属于中等变异性。

表 2-4-4　土壤有效磷统计量

区域	点位/个	统计量/(mg/kg)					变异系数/%
		极小值	极大值	平均值	标准差	中位值	
全市区域	40	4.80	168.30	47.51	45.832	24.70	96.46
H 区	20	12.20	168.30	53.03	52.606	24.70	99.21
L 区	14	4.80	105.30	37.59	36.274	19.60	96.49
S 区	6	12.70	140.10	52.28	44.975	42.00	86.02

不同区域葡萄果园土壤有效磷分布形态基本一致。全市区域、H 区、L 区、S 区果园土壤有效磷含量平均值分别为 47.51 mg/kg、53.03 mg/kg、37.59 mg/kg 和 52.28 mg/kg，均稍大于相应区域果园土壤有效磷含量中位值(分别为 24.70 mg/kg、24.70 mg/kg、19.60 mg/kg 和 42.00 mg/kg)，均属于正偏。

不同区域葡萄果园土壤有效磷分布不同，但差异不明显，有效磷含量平均值从大到小依次为 H 区(53.03 mg/kg)>S 区(52.28 mg/kg)>L 区(37.59 mg/kg)。H 区及 S 区葡萄果园土壤有效磷含量平均水平高于全市区域，而 L 区葡萄果园土壤有效磷含量平均水平则低于全市区域。

不同区域葡萄果园土壤有效磷变异系数基本呈现 1 个层次，全市区域、H 区、L 区、S 区土壤有效磷含量变异系数分别为 96.46%、99.21%、96.49%和 86.02%，均属于中等变异性，即有效磷在空间上分布不均匀，说明区域内各采样点有效磷含量受外界影响程度较大。

2.4.4　有效磷分布特征

由统计结果可以看出(见表 2-4-5)，不同区域果园土壤有效磷分布偏度系数不同，全市区域、H 区、L 区、S 区葡萄果园土壤有效磷分布偏度系数分别为 1.317、1.224、1.045 和 1.972，均大于 0 且大于 1，表明区域内土壤有效磷含量呈明显的正偏态分布，即有效磷较低的点位所占比例高于有效磷含量较高的点位比例。由有效磷分布直方图(见图 2-4-1)可以很明显地看出不同区域果园土壤有效磷的分布形态。

表 2-4-5　土壤有效磷分布特征

区域	点位/个	分布特征				K-S 检验	
		偏度系数	偏度系数/标准误	峰度系数	峰度系数/标准误	统计量	Sig.
全市区域	40	1.317	3.523	0.558	0.761	0.217	0.000
H 区	20	1.224	2.391	−0.017	−0.017	0.277	0.000
L 区	14	1.045	1.750	−0.479	−0.415	0.299	0.001
S 区	6	1.972	2.333	4.412	2.535	0.361	0.014

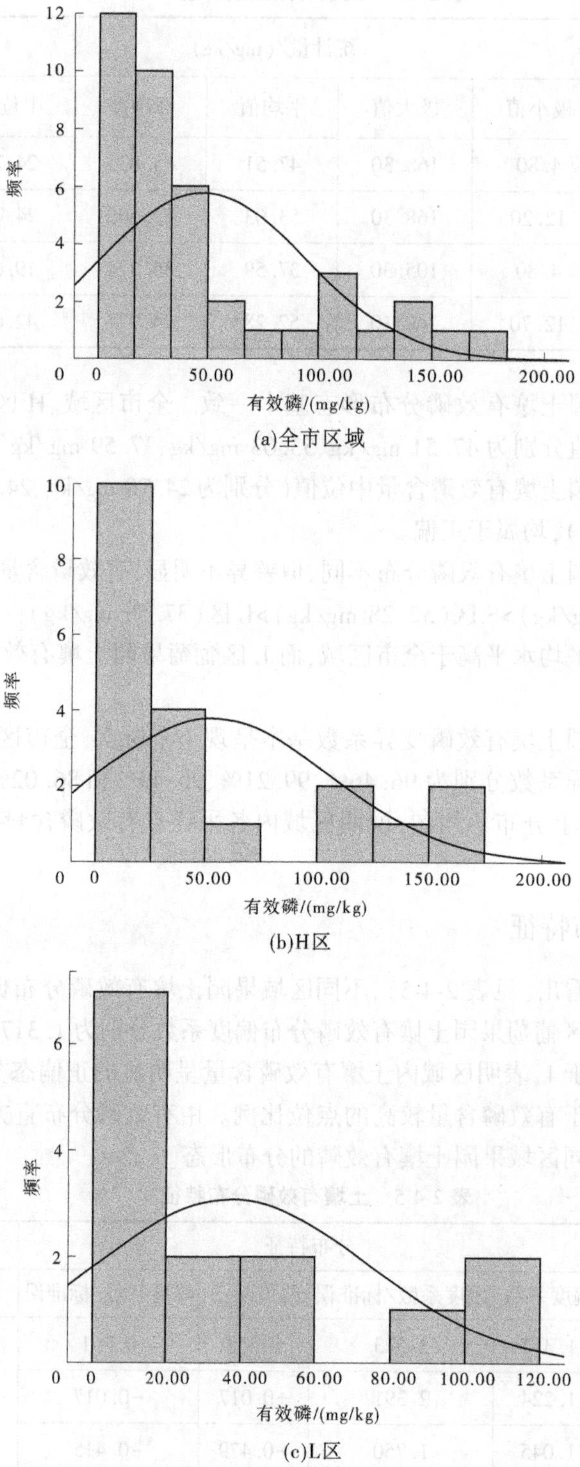

图 2-4-1　各区域土壤有效磷含量分布形态直方图

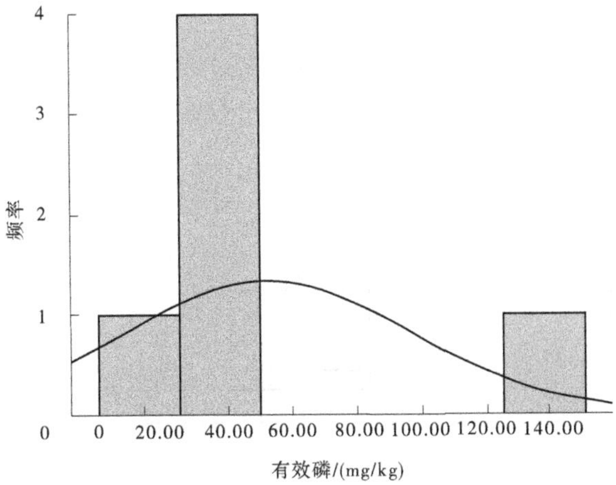

(d)S区

续图 2-4-1

不同区域葡萄果园土壤有效磷分布峰度系数不同。全市区域和 S 区果园土壤有效磷分布峰度系数分别为 0.558 和 4.412,均大于 0,为陡峭峰态。而 H 区和 L 区果园土壤有效磷分布峰度系数分别为-0.017 和-0.479,均小于 0,为平缓峰态。由有效磷含量分布形态 Q-Q 图(见图 2-4-2)和箱式图(见图 2-4-3)也可以很明显地看出各区域果园土壤有效磷含量极端值的多少及偏离情况。

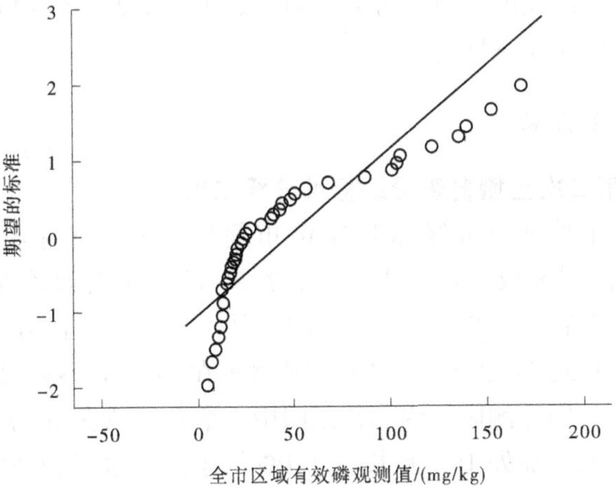

图 2-4-2　各区域土壤有效磷含量分布形态 Q-Q 图

由有效磷分布特征统计表及分布形态直方图可以看出,W 市全市区域葡萄果园土壤有效磷的 K-S 检验的 Sig. 值为 0.000(小于 0.01),表明其分布形态不服从正态分布,且其分布偏度系数与其标准误的比值绝对值为 3.523,大于 1.96,尽管峰度系数与其标准误的比值绝对值为 0.761,小于 1.96,也表明区域内有效磷分布是不服从正态分布的。其中:H 区葡萄果园土壤有效磷的 K-S 检验的 Sig. 值为 0.000(小于 0.01),表明其分布形态不服从正态分布,且其分布偏度系数与其标准误的比值绝对值为 2.391,大于 1.96,尽

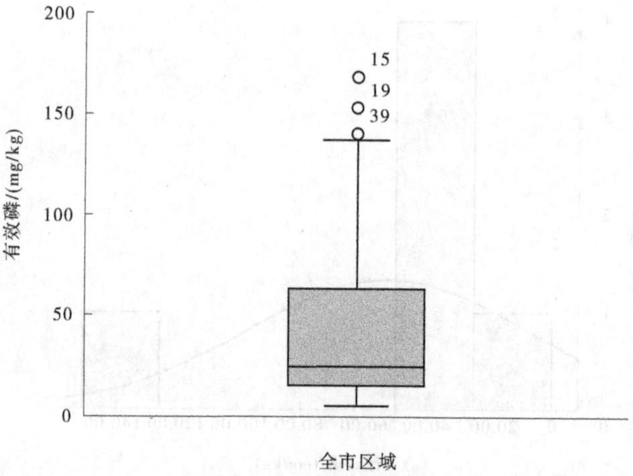

图 2-4-3　各区域土壤有效磷含量分布形态箱式图

管峰度系数与其标准误的比值绝对值为 0.017，小于 1.96，也表明区域内有效磷分布是不服从正态分布的。L 区葡萄果园土壤有效磷的 K-S 检验的 Sig. 值为 0.001（小于 0.05），表明其分布形态不服从正态分布，且其分布偏度系数与其标准误的比值绝对值为 1.750，小于 1.96，尽管峰度系数与其标准误的比值绝对值为 0.415，小于 1.96，也表明区域内有效磷分布是不服从正态分布的。S 区葡萄果园土壤有效磷的 K-S 检验的 Sig. 值为 0.014（小于 0.05），表明其分布形态不服从正态分布，且其分布偏度系数与其标准误的比值绝对值及峰度系数与其标准误的比值绝对值分别为 2.333 和 2.535，均大于 1.96，也表明区域内有效磷分布是不服从正态性的。

2.4.5　有效磷分级结果

2.4.5.1　按照我国第二次土壤普查分级标准分级结果

按照我国第二次土壤普查分级标准对 W 市葡萄果园土壤有效磷含量分级结果见表 2-4-6。总体来说，监测区域内葡萄果园中，37.5%的土壤有效磷含量大于 40 mg/kg，22.5%土壤有效磷含量在 20~40 mg/kg，32.5%土壤有效磷含量在 10~20 mg/kg，5.0%土壤有效磷含量在 5~10 mg/kg，2.5%土壤有效磷含量在 3~5 mg/kg，没有土壤有效磷含量小于 3 mg/kg 的点位。即监测区域内葡萄果园中土壤有效磷含量 37.5%处于一级水平，22.5%处于二级水平，32.5%处于三级水平，5.0%处于四级水平，2.5%处于五级水平，有效磷含量水平没有六级监测点位。可见 W 市葡萄果园土壤有效磷含量水平整体较高，较高含量水平（一级和二级）土壤点位占比 60.0%，中等含量水平（三级和四级）土壤点位仅占比 37.5%，2.5%点位土壤有效磷含量水平处于中等以下水平（五级和六级）。不同区域葡萄果园土壤有效磷含量分级结果存在一定差异，但总体情况基本一致，其中：H 区葡萄果园有效磷含量，35.0%处于一级水平（>40 mg/kg），25.0%处于二级水平（20~40 mg/kg），40.0%处于三级水平（10~20 mg/kg），有效磷含量水平没有四级（5~10 mg/kg）、五级（3~5 mg/kg）和六级（<3 mg/kg）监测点位。可见 H 区葡萄果园土壤有效磷含量水平整体较高，较高含量水平（一级和二级）土壤点位占比高达 60.0%，中等含量水平（三级和

四级)土壤点位占比 40.0%,没有有效磷含量水平处于中等以下水平(五级和六级)土壤点位。L 区葡萄果园有效磷含量,35.7%处于一级水平(>40 mg/kg),14.3%处于二级水平(20~40 mg/kg),28.6%处于三级水平(10~20 mg/kg),14.3%处于四级水平(5~10 mg/kg),7.1%处于五级水平(3~5 mg/kg),有效磷含量水平没有六级(<3 mg/kg)监测点位。可见 L 区葡萄果园土壤有效磷含量水平整体相对稍低,较高含量水平(一级和二级)土壤点位占比高达 50.0%,中等含量水平(三级和四级)土壤点位占比 42.9%,有效磷含量水平处于中等以下水平(五级和六级)土壤点位占比 7.1%。S 区葡萄果园有效磷含量,50.0%处于一级水平(>40 mg/kg),33.3%处于二级水平(20~40 mg/kg),16.7%处于三级水平(10~20 mg/kg),有效磷含量水平没有四级(5~10 mg/kg))、五级(3~5 mg/kg)和六级(<3 mg/kg)监测点位。可见 S 区葡萄果园土壤有效磷含量水平整体较高,较高含量水平(一级和二级)土壤点位占比高达 83.3%,中等含量水平(三级和四级)土壤点位占比 16.7%,没有有效磷含量水平处于中等以下水平(五级和六级)土壤点位。

表 2-4-6　土壤有效磷含量分级结果

(参照全国第二次土壤普查分级标准)

类别	区域	全市区域	H 区	L 区	S 区	分级指标/(mg/kg)
	总点位/个	40	20	14	6	
一级	点位/个	15	7	5	3	>40
	占比/%	37.5	35.0	35.7	50.0	
二级	点位/个	9	5	2	2	20~40
	占比/%	22.5	25.0	14.3	33.3	
三级	点位/个	13	8	4	1	10~20
	占比/%	32.5	40.0	28.6	16.7	
四级	点位/个	2	0	2	0	5~10
	占比/%	5.0	0.0	14.3	0.0	
五级	点位/个	1	0	1	0	3~5
	占比/%	2.5	0.0	7.1	0.0	
六级	点位/个	0	0	0	0	<3
	占比/%	0.0	0.0	0.0	0.0	

2.4.5.2　参照绿色食品产地环境标准分级结果

参照《绿色食品 产地环境质量》(NY/T 391—2021)的要求,对 W 市葡萄果园土壤有效磷含量进行分级(参考园地土壤分级标准),结果见表 2-4-7。总体来说,监测区域内葡萄果园中,92.5%土壤有效磷含量大于 10 mg/kg,5.0%土壤有效磷含量在 5~10 mg/kg,2.5%土壤有效磷含量小于 5 mg/kg。即按照《绿色食品 产地环境质量》(NY/T 391—2021)的要求进行分级,监测区域内葡萄果园中土壤有效磷含量以Ⅰ级(含量水平为丰富)为主,占总样品点位的 92.5%,其次为Ⅱ级水平(含量水平为尚可),占总样品点位的 5.0%,Ⅲ级水平(含量低于临界值),占总样品点位的 2.5%。可见 W 市葡萄果园土壤有效磷含量水平整体非常高,92.5%果园中土壤有效磷含量在尚可及以上水平,且含量水平以丰富为主,不必刻意加强含磷肥料的投入施用。不同区域葡萄果园土壤有效磷含量分级结果基本一致,但略有差异,其中:H 区和 S 区葡萄果园中,100.0%土壤有效磷含量大于 10 mg/kg,即按照《绿色食品 产地环境质量》(NY/T 391—2021)的要求进行分级,监测区域内葡萄果园中土壤有效磷含量均为Ⅰ级水平(含量丰富),占总样品点位的 100.0%。可见 H 区和 S 区葡萄果园土壤有效磷含量水平整体非常高。L 区葡萄果园中,78.6%土壤有效磷含量大于 10 mg/kg,14.3%土壤有效磷含量在 5~10 mg/kg,7.1%土壤有效磷含量小于 5 mg/kg。即按照《绿色食品 产地环境质量》(NY/T 391—2021)的要求进行分级,监测区域内葡萄果园中土壤有效磷含量以Ⅰ级(含量水平为丰富)为主,占总样品点位的 78.6%,其次为Ⅱ级水平(含量水平为尚可),占总样品点位的 14.3%,Ⅲ级水平(含量低于临界值),占总样品点位的 7.1%。

表 2-4-7　土壤有效磷含量分级结果

(参照绿色食品产地环境标准)

类别	区域	全市区域	H 区	L 区	S 区	分级指标/(mg/kg)
	总点位/个	40	20	14	6	
Ⅰ级	点位/个	37	20	11	6	>10
	占比/%	92.5	100.0	78.6	100.0	
Ⅱ级	点位/个	2	0	2	0	5~10
	占比/%	5.0	0.0	14.3	0.0	
Ⅲ级	点位/个	1	1	1	0	<5
	占比/%	2.5	0	7.1	0.0	

2.4.6　葡萄果园土壤磷含量适宜性评价

不同区域葡萄果园土壤有效磷含量适宜性分析见表 2-4-8。总体来说,W 市葡萄果园中,5.0%监测点土壤有效磷含量处于很高水平(>150 mg/kg),有效磷营养供应非常充足,果园管理中不必刻意增加含磷肥料的投入;42.5%监测点土壤有效磷含量处于较高水平(25~150 mg/kg),磷素营养供应充足,适宜于葡萄生长,果园管理中不需要着重加强含磷肥料的施用;22.5%监测点土壤有效磷处于中等含量水平(16~25 mg/kg),有效磷营养供应一般,果园管理中不需要着重加强含磷肥料的施用;30.0%监测点土壤有效磷含量处于较低水平（小于 16 mg/kg），有效磷营养供应明显不足，不利于葡萄的正常生长，果园管理中要特别注意增加含磷肥料的投入。不同区域葡萄果园土壤有效磷含量适宜性评价结果基本一致，但略有差异，其中：H 区葡萄果园中，10.0%监测点土壤有效磷含量处于很高水平（>150 mg/kg），有效磷营养供应非常充足，果园管理中不必刻意增加含磷肥料的投入；35.0%监测点土壤有效磷含量处于较高水平（25～150 mg/kg），磷素营养供应充足，适宜于葡萄生长，果园管理中不需要着重加强含磷肥料的施用；30.0%监测点土壤有效磷处于中等含量水平（16～25 mg/kg），有效磷营养供应一般，果园管理中不需要着重加强含磷肥料的施用；25.0%监测点土壤有效磷含量处于较低水平（小于 16 mg/kg），有效磷营养供应明显不足，不利于葡萄的正常生长，果园管理中要特别注意增加含磷肥料的投入。L 区葡萄果园中，没有土壤有效磷含量处于很高水平（>150 mg/kg）的果园；35.7%监测点土壤有效磷含量处于较高水平（25～150 mg/kg），磷素营养供应充足，适宜于葡萄生长，果园管理中不需要着重加强含磷肥料的施用；21.4%监测点土壤有效磷处于中等含量水平（16～25 mg/kg），有效磷营养供应一般，果园管理中不需要着重加强含磷肥料的施用；42.9%监测点土壤有效磷含量处于较低水平（小于 16 mg/kg），有效磷营养供应明显不足，不利于葡萄的正常生长，果园管理中要特别注意增加含磷肥料的投入。S 区葡萄果园中，83.3%监测点土壤有效磷含量处于较高水平（25～150 mg/kg），磷素营养供应充足，适宜于葡萄生长，果园管理中不需要着重加强含磷肥料的施用；16.7%监测点土壤有效磷含量处于较低水平（小于 16 mg/kg），有效磷营养供应明显不足，不利于葡萄的正常生长，果园管理中要特别注意增加含磷肥料的投入；没有土壤有效磷含量处于很高水平（>150 mg/kg）及中等水平（16～25 mg/kg）的果园。

表 2-4-8　葡萄果园土壤有效磷含量适宜性分析

类别		全市区域	H 区	L 区	S 区	描述
一级	阈值/（mg/kg）	>150	>150	>150	>150	很高
	占比/%	5.0	10.0	0.0	0.0	
二级	阈值/（mg/kg）	25～150	25～150	25～150	25～150	高
	占比/%	42.5	35.0	35.7	83.3	
三级	阈值/（mg/kg）	16～25	16～25	16～25	16～25	中
	占比/%	22.5	30.0	21.4	0.0	
四级	阈值/（mg/kg）	<16	<16	<16	<16	低
	占比/%	30.0	25.0	42.9	16.7	

可以看出：①监测范围内葡萄果园土壤中有效磷含量水平整体上一般，47.5%监测点果园土壤有效磷含量处于葡萄生长适宜及以上范围（含量处于很高或高的水平），磷素营养供应相应充足；52.5%监测点果园土壤有效磷含量处于葡萄生长适宜值及以下范围（含

量处于中等或低的水平)，磷素营养供应能力一般或明显不足。②监测范围内葡萄果园土壤中有效磷含量适宜性中等，47.5%监测点果园土壤中有效磷含量处于葡萄生长适宜及以上范围；52.5%监测点果园土壤中有效磷含量中等或偏低。

2.5　土壤速效钾

2.5.1　土壤速效钾基本概况

2.5.1.1　土壤钾素基本情况

钾是作物不可缺少的大量营养元素。近年来，随着农业生产的发展，在我国不少地区，特别是南方，土壤缺钾面积日益扩大，缺钾程度日益加深。我国土壤钾含量范围较广，全国范围内全钾背景值范围为0.03%~44.87%，平均值为1.86%，内蒙古自治区土壤全钾背景值范围为1.19%~2.79%，平均值为2.08%。影响土壤钾含量变异的因素主要有气候、成土母质、土壤质地、耕作及施肥。根据钾素对植物有效性的大小，土壤中钾素可划分为四类：一是水溶性钾，以离子形态存在于土壤溶液中，可为植物直接吸收利用；二是交换性钾，指土壤胶体表面受胶体负电荷的影响而被吸附的钾离子，也可为当季作物吸收利用，属于速效性钾，其在全钾中所占比例很小。三是非交换性钾，又称缓效钾，很难被作物直接吸收利用，但可以不断释放出来补充速效钾。四是矿物态钾，主要存在于土壤粗粒部分的原生矿物中，是土壤全钾含量的主体，作物难以利用。

2.5.1.2　我国土壤钾素含量分级指标

根据全国第二次土壤普查资料及有关标准，将土壤速效钾含量分为六级(见表2-5-1)。其中一级土壤速效钾含量最高(速效钾>200 mg/kg)，肥力等级描述为丰富；其次为二级土壤，肥力等级描述为较丰富(速效钾150~200 mg/kg)；再次为三级土壤，肥力等级描述为中等(速效钾100~150 mg/kg)；四级土壤肥力等级描述为缺乏(速效钾50~100 mg/kg)；五级土壤肥力等级描述为较缺(速效钾30~50 mg/kg)；六级土壤肥力等级描述为极缺(速效钾<30 mg/kg)。

表2-5-1　我国土壤速效钾含量分级标准

(参考我国第二次土壤普查分级指标)

土壤速效钾分级	描述	速效钾含量范围/(mg/kg)
一级	丰富	>200
二级	较丰富	150~200
三级	中等	100~150
四级	缺乏	50~100
五级	较缺	30~50
六级	极缺	<30

另外，在我国《绿色食品 产地环境质量》（NY/T 391—2021）标准中针对不同用途土壤将速效钾含量分为三级（见表 2-5-2），并对各级进行分类描述。葡萄果园可参考园地土壤分级标准，其中Ⅰ级土壤速效钾含量最高（速效钾>100 mg/kg），肥力等级描述为丰富；其次为Ⅱ级土壤（速效钾 50～100 mg/kg），肥力等级描述为尚可；再次为Ⅲ级土壤（速效钾<50 mg/kg），肥力等级描述为低于临界值。

表 2-5-2　我国绿色食品产地环境标准中土壤速效钾分级标准

［引自《绿色食品 产地环境质量》（NY/T 391—2021）］　单位：mg/kg

土壤类型	旱地	水田	菜地	园地
Ⅰ级	>120	>100	>150	>100
Ⅱ级	80～120	50～100	100～150	50～100
Ⅲ级	<80	<50	<100	<50

2.5.1.3　我国土壤钾素含量背景值

我国土壤钾含量范围较广，全国范围内全钾背景值范围为 0.03%～4.87%，平均值为 1.86%，内蒙古自治区土壤全钾背景值范围为 1.19%～2.79%，平均值为 2.08%。我国及内蒙古自治区土壤全钾背景值统计量（中国环境监测总站，1990 年）见表 2-5-3。

表 2-5-3　我国土壤及内蒙古自治区土壤全钾背景值统计量

（引自中国环境监测总站，1990）　%

土壤层	区域	统计量				
		范围	中位值	算术平均值	几何平均值	95%范围值
A 层	全国	0.03～4.87	1.88	1.86±0.463	1.79±1.342	0.94～2.79
	内蒙古自治区	1.19～2.79	2.07	2.08±0.264	2.07±1.138	2.45

2.5.2　葡萄生长的土壤速效钾适宜范围

葡萄果园土壤速效钾含量适宜范围（见表 2-5-4），即土壤速效钾含量高于 600 mg/kg 时钾素含量水平很高，能够为葡萄生长提供非常充足的钾素，果园管理中不必刻意增加含钾肥料的投入；土壤速效钾含量在 240～600 mg/kg 时钾素含量水平较高，能够满足葡萄生长所需的钾素供应，果园管理中不需要着重加强含钾肥料的施用；土壤速效钾含量在 120～240 mg/kg 时钾素含量水平中等，不足以满足葡萄生长所需的钾素供应，果园管理中应适当增加含钾肥料的施用即可；而速效钾含量低于 120 mg/kg 时钾素含量水平较低，不利于葡萄生长，不能够满足葡萄生长所需的钾素供应，果园管理中要特别注意增加含钾肥料的投入。

表 2-5-4 葡萄果园土壤速效钾标准值范围

分级指标	速效钾/(mg/kg)	描述
一级	>600	很高
二级	240~600	高
三级	120~240	中
四级	<120	低

2.5.3 速效钾含量统计学特征

W 市不同区域葡萄果园土壤速效钾含量统计学特征见表 2-5-5。总体来说,监测范围内葡萄果园土壤速效钾含量范围为 55.0~450.0 mg/kg,平均值为 141.5 mg/kg,变异系数为 68.09%,属于中等变异性。不同区域葡萄果园土壤速效钾分布不同,但差异不明显,速效钾含量平均值从大到小依次为 S 区(208.7 mg/kg)>L 区(161.1 mg/kg)>H 区(107.7 mg/kg)。L 区及 S 区葡萄果园土壤速效钾含量平均水平高于全市区域,而 H 区土壤速效钾含量平均水平则低于全市区域。

表 2-5-5 土壤速效钾含量统计量

区域	点位个数	统计量/(mg/kg)					变异系数/%
		极小值	极大值	平均值	标准差	中位值	
全市区域	40	55.0	450.0	141.5	96.346	102.5	68.09
H 区	20	55.0	450.0	107.7	84.970	86.0	78.93
L 区	14	70.0	388.0	161.1	91.549	134.5	56.84
S 区	6	71.0	346.0	208.7	110.032	208.5	52.73

不同区域葡萄果园土壤速效钾分布形态基本一致。全市区域、H 区、L 区、S 区果园土壤速效钾含量平均值分别为 141.5 mg/kg、107.7 mg/kg、161.1 mg/kg 和 208.7 mg/kg,均稍大于相应区域果园土壤速效钾含量中位值(分别为 102.5 mg/kg、86.0 mg/kg、134.5 mg/kg 和 208.5 mg/kg),均属于正偏。

不同区域葡萄果园土壤速效钾含量变异系数基本呈现 1 个层次,全市区域、H 区、L 区、S 区土壤速效钾含量变异系数分别为 68.09%、78.93%、56.84%和 52.73%,均属于中等变异性,即速效钾在空间上分布不均匀,说明区域内各采样点速效钾含量受外界影响程度较大。

2.5.4 速效钾分布特征

由统计结果可以看出(见表 2-5-6),不同区域果园土壤速效钾分布偏度系数不同,全市区域、H 区、L 区葡萄果园土壤速效钾分布偏度系数分别为 1.825、3.794、1.738,均大于 0 且大于 1,表明区域内土壤速效钾呈明显的正偏态分布,即速效钾较低的点位所占比例高于速效钾较高的点位比例。而 S 区果园土壤速效钾分布偏度系数为-0.001，小于 0，表明区域内土壤速效钾呈不太明显的负偏态分布，即速效钾较高的点位所占比例稍高于速效钾较低的点位比例。由速效钾含量分布形态直方图（见图 2-5-1）可以很明显地看出不同区域果园土壤速效钾的分布形态。

表 2-5-6　土壤速效钾分布特征

区域	点位个数	分布特征				K-S 检验	
		偏度系数	偏度系数/标准误	峰度系数	峰度系数/标准误	统计量	Sig.
全市区域	40	1.825	4.883	2.670	3.644	0.221	0.000
H 区	20	3.794	7.409	15.547	15.667	0.345	0.000
L 区	14	1.738	2.910	2.503	2.169	0.229	0.045
S 区	6	-0.001	-0.001	-2.090	-1.201	0.194	0.200

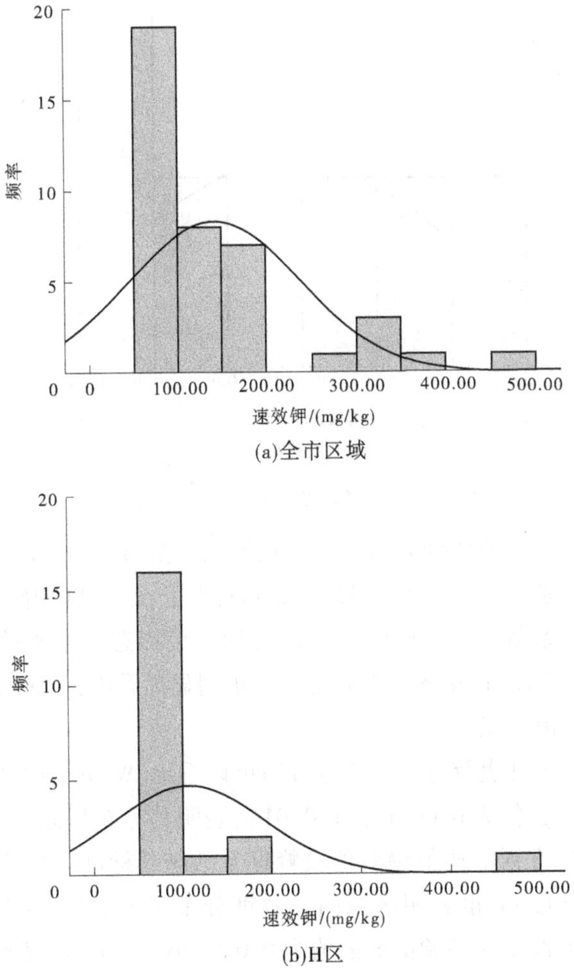

图 2-5-1　各区域土壤速效钾含量分布形态直方图

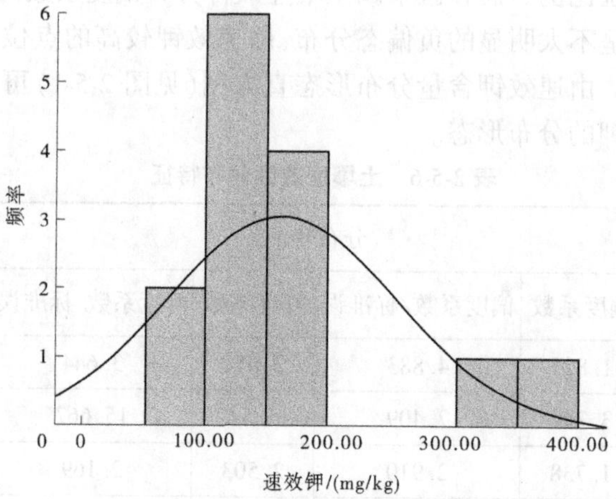

(c)L区

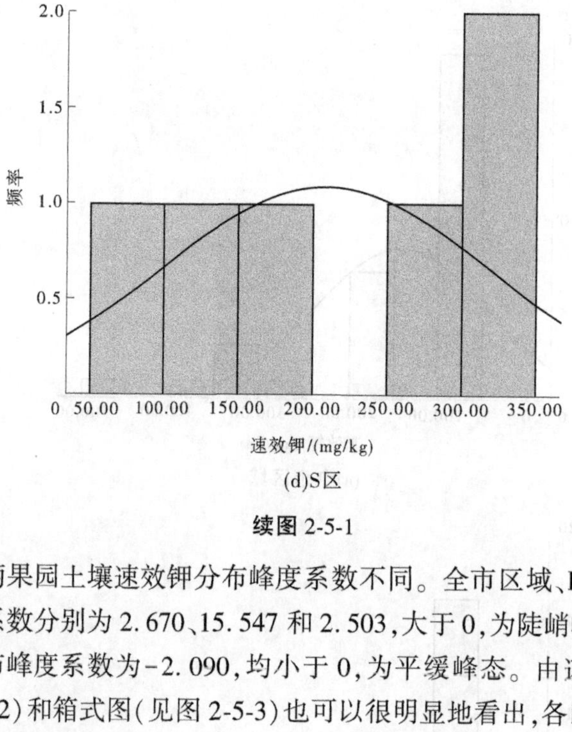

(d)S区

续图 2-5-1

不同区域葡萄果园土壤速效钾分布峰度系数不同。全市区域、H 区及 L 区果园土壤速效钾分布峰度系数分别为 2.670、15.547 和 2.503，大于 0，为陡峭峰态。而 S 区葡萄果园土壤速效钾分布峰度系数为-2.090，均小于 0，为平缓峰态。由速效钾含量分布形态 Q-Q 图（见图 2-5-2）和箱式图（见图 2-5-3）也可以很明显地看出，各区域果园土壤速效钾含量极端值的多少及偏离情况。

由速效钾分布特征统计表及分布形态直方图可以看出，W 市全市区域葡萄果园土壤速效钾的 K-S 检验的 Sig. 值为 0.000（小于 0.01），表明其分布形态不服从正态分布，且其分布偏度系数与其标准误的比值绝对值及峰度系数与其标准误的比值绝对值分别为 4.883 和 3.644，均大于 1.96，也表明区域内速效钾分布是不服从正态分布的。其中：H 区葡萄果园土壤速效钾的 K-S 检验的 Sig. 值为 0.000（小于 0.01），表明其分布形态不服从正态分布，且其分布偏度系数与其标准误的比值绝对值和峰度系数与其标准误的比值绝对值分别为 7.409 和 15.667，均大于 1.96，也表明区域内速效钾分布是不服从正态分布的。L 区葡萄果园土壤速效钾的 K-S 检验的 Sig. 值为 0.045(小于 0.05)，表明其分布形态不服从正态分布，且其分布偏度系数与其标准误的比值绝对值和峰度系数与其标准误的比值绝对值分别为 2.910 和 2.169，均大于 1.96，也表明区域内速效钾分布是不服从正态分布的。S 区葡萄果园土壤速效钾的 K-S 检验的 Sig. 值为 0.200(大于 0.05)，表明其分布形态在一定范围内服从正态分布，且其分布偏度系数与其标准误的比值绝对值及峰度系数与其标准误的比值绝对值分别为 0.001 和 1.201，均小于 1.96，也表明区域内速效钾分布是不拒绝正态性的。

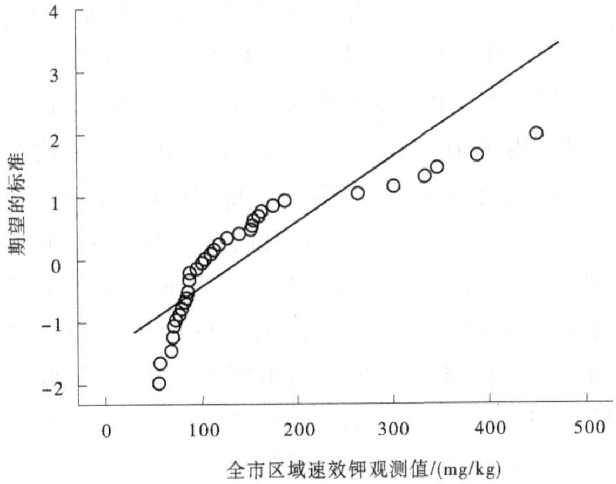

图 2-5-2　各区域土壤速效钾含量分布形态 Q-Q 图

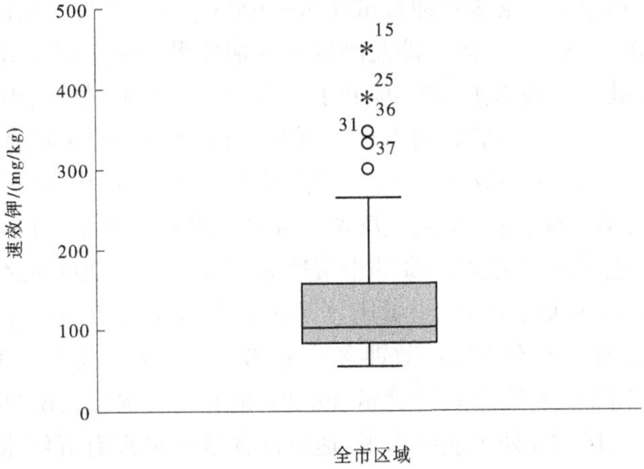

图 2-5-3　各区域土壤速效钾含量分布形态箱式图

2.5.5 速效钾分级结果

2.5.5.1 按照我国第二次土壤普查分级标准分级结果

按照我国第二次土壤普查分级标准对 W 市葡萄果园土壤速效钾含量分级结果见表 2-5-7。总体来说，监测区域内葡萄果园中，15.0%的土壤速效钾含量大于 200 mg/kg，17.5%土壤速效钾含量在 150~200 mg/kg，20.0%土壤速效钾含量在 100~150 mg/kg，47.5%土壤速效钾含量在 50~100 mg/kg，没有土壤速效钾含量在 30~50 mg/kg 及小于 30 mg/kg 的果园。即监测区域内葡萄果园中土壤速效钾含量 15.0%处于一级水平，17.5%处于二级水平，20.0%处于三级水平，47.5%处于四级水平，速效钾含量水平没有五级水平及六级水平监测点位。可见 W 市葡萄果园土壤速效钾含量水平整体较高，较高含量水平（一级和二级）土壤点位占比 32.5%，中等含量水平（三级和四级）土壤点位仅占比 67.5%，没有果园土壤速效钾含量水平处于中等以下水平（五级和六级）。不同区域葡萄果园土壤速效钾含量分级结果存在一定差异，但总体情况基本一致，其中：H 区葡萄果园速效钾含量，5.0%的土壤速效钾含量大于 200 mg/kg，10.0%土壤速效钾含量在 150~200 mg/kg，5.0%土壤速效钾含量在 100~150 mg/kg，80.0%土壤速效钾含量在 50~100 mg/kg，没有土壤速效钾含量在 30~50 mg/kg 及小于 30 mg/kg 的果园。即监测区域内葡萄果园中土壤速效钾含量 5.0%处于一级水平，10.0%处于二级水平，5.0%处于三级水平，80.0%处于四级水平，速效钾含量水平没有五级水平及六级水平监测点位。可见 H 区葡萄果园土壤速效钾含量水平整体一般，较高含量水平（一级和二级）土壤点位占比 15.0%，中等含量水平（三级和四级）土壤点位仅占比 85.0%，没有果园土壤速效钾含量水平处于中等以下水平（五级和六级）。L 区葡萄果园速效钾含量，14.3%的土壤速效钾含量大于 200 mg/kg，28.6%土壤速效钾含量在 150~200 mg/kg，42.8%土壤速效钾含量在 100~150 mg/kg，14.3%土壤速效钾含量在 50~100 mg/kg，没有土壤速效钾含量在 30~50 mg/kg 及小于 30 mg/kg 的果园。即监测区域内葡萄果园中土壤速效钾含量 14.3%处于一级水平，28.6%处于二级水平，42.8%处于三级水平，14.3%处于四级水平，速效钾含量水平没有五级水平及六级水平监测点位。可见 L 区葡萄果园土壤速效钾含量水平整体水平较高，较高含量水平（一级和二级）土壤点位占比 42.9%，中等含量水平（三级和四级）土壤点位仅占比 57.1%，没有果园土壤速效钾含量水平处于中等以下水平（五级和六级）。S 区葡萄果园速效钾含量，49.9%的土壤速效钾含量大于 200 mg/kg，16.7%土壤速效钾含量在 150~200 mg/kg，16.7%土壤速效钾含量在 100~150 mg/kg，16.7%土壤速效钾含量在 50~100 mg/kg，没有土壤速效钾含量在 30~50 mg/kg 及小于 30 mg/kg 的果园。即监测区域内葡萄果园中土壤速效钾含量 49.9%处于一级水平，16.7%处于二级水平，16.7%处于三级水平，16.7%处于四级水平，速效钾含量水平没有五级水平及六级水平监测点位。可见 S 区葡萄果园土壤速效钾含量水平整体水平较高，较高含量水平（一级和二级）土壤点位占比 66.6%，中等含量水平（三级和四级）土壤点位仅占比 33.4%，没有果园土壤速效钾含量水平处于中等以下水平（五级和六级）。

表 2-5-7　土壤速效钾含量分级结果

（参照全国第二次土壤普查分级标准）

类别	区域	全市区域	H 区	L 区	S 区	分级指标/（mg/kg）
	总点位/个	40	20	14	6	
一级	点位/个	6	1	2	3	>200
	占比/%	15.0	5.0	14.3	49.9	
二级	点位/个	7	2	4	1	150～200
	占比/%	17.5	10.0	28.6	16.7	
三级	点位/个	8	1	6	1	100～150
	占比/%	20.0	5.0	42.8	16.7	
四级	点位/个	19	16	2	1	50～100
	占比/%	47.5	80.0	14.3	16.7	
五级	点位/个	0	0	0	0	30～50
	占比/%	0.0	0.0	0.0	0.0	
六级	点位/个	0	0	0	0	<30
	占比/%	0.0	0.0	0.0	0.0	

2.5.5.2　参照绿色食品产地环境标准分级结果

参照《绿色食品 产地环境质量》(NY/T 391—2021)的要求，对 W 市葡萄果园土壤速效钾含量进行分级(参考园地土壤分级标准)，结果见表 2-5-8。总体来说，监测区域内葡萄果园中，52.5%土壤速效钾含量大于 100 mg/kg，47.5%土壤速效钾含量在 50～100 mg/kg，没有土壤速效钾含量小于 50 mg/kg 的果园。即按照《绿色食品 产地环境质量》(NY/T 391—2021)的要求进行分级，监测区域内葡萄果园中土壤速效钾含量以 Ⅰ 级(含量水平为丰富)为主，占总样品点位的 52.5%，其次为 Ⅱ 级水平(含量水平为尚可)，占总样品点位的 47.5%。可见 W 市葡萄果园土壤速效钾含量水平整体较高，100.0%果园中土壤速效钾含量在尚可及以上水平，且含量水平以丰富为主，不必刻意加强含钾肥料的投入施用。不同区域葡萄果园土壤速效钾分级结果基本一致，但略有差异，其中：H 区葡萄果园中，20.0%土壤速效钾含量大于 100 mg/kg，80.0%土壤速效钾含量在 50～100 mg/kg，没有土壤速效钾含量小于 50 mg/kg 的果园。即按照《绿色食品 产地环境质量》(NY/T 391—2021)的要求进行分级，监测区域内葡萄果园中土壤速效钾含量以 Ⅱ 级水平(含量水平为尚可)为主，占总样品点位的 80.0%，其次为 Ⅰ 级(含量水平为丰富)，占总样品点位的 20.0%。可见 H 区葡萄果园土壤速效钾含量水平整体较高，100.0%果园中土壤速效钾含量在尚可及以上水平，含量水平以尚可为主。L 区葡萄果园中，85.7%土壤速效钾含量大于 100 mg/kg，14.3%土壤速效钾含量在 50～100 mg/kg，没有土壤速效钾含量小于 50 mg/kg 的果园。即按照《绿色食品 产地环境质量》(NY/T 391—2021)的要求进行分级，监测区域内葡萄果园中土壤速效钾含量以Ⅰ级(含量水平为丰富)为主，占总样品点位的 85.7%，其次为Ⅱ级水平(含量水平为尚可)，占总样品点位的 14.3%。可见 L 区葡萄果园土壤速效钾含量整体水平非常高，100.0%果园中土壤速效钾含量在尚可及以上水平，且含量水平以丰富为主。S 区葡萄果园中，83.3%土壤速效钾含量大于 100 mg/kg，16.7%土壤速效钾含量在 50～100 mg/kg，没有土壤速效钾含量小于 50 mg/kg 的果园。即按照《绿色食品 产地环境质量》(NY/T 391—2021)的要求进行分级，监测区域内葡萄果园中土壤速效钾含量以Ⅰ级(含量水平为丰富)为主，占总样品点位的 83.3%，其次为Ⅱ级水平(含量水平为尚可)，占总样品点位的 16.7%。可见 S 区葡萄果园土壤速效钾含量整体水平非常高，100.0%果园中土壤速效钾含量在尚可及以上水平，且含量水平以丰富为主。

表 2-5-8　土壤速效钾含量分级结果

(参照绿色食品产地环境标准)

类别	区域	全市区域	H 区	L 区	S 区	分级指标/(mg/kg)
	总点位/个	40	20	14	6	
Ⅰ级	点位/个	21	4	12	5	>100
	占比/%	52.5	20.0	85.7	83.3	
Ⅱ级	点位/个	19	16	2	1	50～100
	占比/%	47.5	80.0	14.3	16.7	
Ⅲ级	点位/个	0	0	0	0	<50
	占比/%	0.0	0	0.0	0.0	

2.5.6　葡萄果园土壤速效钾含量适宜性评价

不同区域葡萄果园土壤速效钾含量适宜性分析见表 2-5-9。总体来说，W 市葡萄果园中，没有土壤速效钾含量处于很高水平(>600 mg/kg)的果园，15.0%监测点土壤速效钾含量处于较高水平(240～600 mg/kg)，钾素营养供应充足，适宜于葡萄生长，果园管理中不需要着重加强含钾肥料的施用；22.5%监测点土壤速效钾处于中等含量水平(120～240 mg/kg)，速效钾营养供应一般，果园管理中不需要着重加强含钾肥料的施用；62.5%监测点土壤速效钾含量处于较低水平(小于 120 mg/kg)，速效钾营养供应明显不足，不利于葡萄的正常生长，果园管理中要特别注意增加含钾肥料的投入。不同区域葡萄果园土壤速效钾含量适宜性评价结果基本一致，但略有差异，其中：H 区果园中，没有土壤速效钾含量处于很高水平(>600 mg/kg)的果园，5.0%监测点土壤速效钾含量处于较高水平(240～600 mg/kg)，钾素营养供应充足，适宜于葡萄生长，果园管理中不需要着重加强含钾肥料的施用;10.0%监测点土壤速效钾处于中等含量水平(120～240 mg/kg),速效钾营养供应一般,果园管理中不需要着重加强含钾肥料的施用;85.0%监测点土壤速效钾含量处于较低水平(小于 120 mg/kg),速效钾营养供应明显不足,不利于葡萄的正常生长,果园管理中要特别注意增加含钾肥料的投入。L 区果园中,没有土壤速效钾含量处于很高水平(>600 mg/kg)的果园,14.2%监测点土壤速效钾含量处于较高水平(240～600 mg/kg),钾素营养供应充足,适宜于葡萄生长,果园管理中不需要着重加强含钾肥料的施用;42.9%监测点土壤速效钾处于中等含量水平(120～240 mg/kg),速效钾营养供应一般,果园管理中不需要着重加强含钾肥料的施用;42.9%监测点土壤速效钾含量处于较低水平(小于 120 mg/kg),速效钾营养供应明显不足,不利于葡萄的正常生长,果园管理中要特别注意增加含钾肥料的投入。S 区果园中,没有土壤速效钾含量处于很高水平(>600 mg/kg)的果园,50.0%监测点土壤速效钾含量处于较高水平(240～600 mg/kg),钾素营养供应充足,适宜于葡萄生长,果园管理中不需要着重加强含钾肥料的施用;16.7%监测点土壤速效钾处于中等含量水平(120～240 mg/kg),速效钾营养供应一般,果园管理中不需要着重加强含钾肥料的施用;33.3%监测点土壤速效钾含量处于较低水平(小于 120 mg/kg),速效钾营养供应明显不足,不利于葡萄的正常生长,果园管理中要特别注意增加含钾肥料的投入。

表 2-5-9　葡萄果园土壤速效钾含量适宜性分析

类别		全市区域	H 区	L 区	S 区
一级	阈值/(mg/kg)	>600	>600	>600	>600
	占比/%	0.0	0.0	0.0	0.0
二级	阈值/(mg/kg)	240～600	240～600	240～600	240～600
	占比/%	15.0	5.0	14.2	50.0
三级	阈值/(mg/kg)	120～240	120～240	120～240	120～240
	占比/%	22.5	10.0	42.9	16.7
四级	阈值/(mg/kg)	<120	<120	<120	<120
	占比/%	62.5	85.0	42.9	33.3

可以看出:①监测范围内葡萄果园土壤中速效钾含量水平整体上一般,15.0%监测点果园土壤速效钾含量处于葡萄生长适宜及以上范围(含量处于很高或高的水平),钾素营养供应相应充足;85.0%监测点果园土壤速效钾含量处于葡萄生长适宜值及以下范围(含量处于中等或低的水平),钾素营养供应能力一般或明显不足。②监测范围内葡萄果园土壤中速效钾含量适宜性中等,15.0%监测点果园土壤中速效钾含量处于葡萄生长适宜及以上范围;85.0%监测点果园土壤中速效钾含量中等或偏低。

2.6 土壤基本肥力评价小结

2.6.1 酸碱度

2.6.1.1 土壤酸碱度基本概况

土壤 pH 值是衡量土壤酸性或碱性程度的指标，土壤中 pH 值在一定范围内才有利于植物生长。其主要影响因素包括土壤胶体和性质、土壤吸附阳离子组成和盐基饱和度、土壤空气 CO_2 分压、土壤水分含量、土壤氧化还原条件等。我国土壤在地理分布上具有"南酸北碱"的地带分布性特点，全国范围内土壤 pH 值背景值范围为 3.10~10.6，平均值为 6.7，而内蒙古自治区土壤 pH 背景值范围为 4.1~9.8，平均值为 7.6，大部分属于碱性土壤。

2.6.1.2 我国土壤 pH 值分级指标及葡萄生长的适宜范围

我国第二次土壤普查中将土壤 pH 分为六级，即 pH>8.5（碱性土壤）、pH7.5~8.5（弱碱性土壤）、pH6.5~7.5（中性土壤）、pH5.5~6.5（微酸性土壤）、pH4.5~5.5（酸性土壤）、pH<4.5（强酸性土壤）。葡萄对土壤酸碱度的适应幅度较大，一般 pH5.8~8.2 均能栽培，其中以土壤 pH6.5~8.5 为葡萄生长的阈值范围。

2.6.1.3 不同区域葡萄果园土壤 pH 统计学特征及分布特征

W 市葡萄果园土壤 pH 范围为 7.7~9.1，平均值为 8.4，变异系数为 4.10%，pH 平均值高于全国土壤背景值（pH6.7）和内蒙古自治区土壤背景值（pH7.6），属于弱变异性。土壤 pH 呈稍微明显的正偏态分布，即 pH 较低的点位所占比例稍微高于 pH 较高的点位比例，pH 值分布相对比较集中，分散状态不明显，存在极端值很少。

2.6.1.4 pH 分级结果及葡萄生长适宜性评价

W 市葡萄果园中，55.0%土壤 pH 处于 7.5~8.5，45.0%土壤 pH 值大于 8.5，没有 pH 值小于 7.5 的土壤，也没有第三次全国土壤普查分级标准更加细化的强碱性土壤（pH>9.5）。按照《葡萄产地环境技术条件》，W 市葡萄果园仅有 55.0%点位土壤酸碱度处于葡萄生长的适宜范围（pH6.5~8.5），有 45.0%的点位土壤 pH 值过高（pH>8.5）。可见，W 市葡萄果园土壤 pH 整体偏高，不同区域葡萄果园土壤酸碱度适宜性略有差异：H 区有 40.0%葡萄果园土壤酸碱度处于葡萄生长的阈值范围内，60.0%的点位土壤 pH 值高于葡萄生长阈值；L 区有 57.1%葡萄果园土壤酸碱度处于葡萄生长的阈值范围内，42.9%的点位土壤 pH 值高于葡萄生长阈值；S 区则 100.0%葡萄果园土壤酸碱度处于葡萄生长的阈值范围内。

2.6.2 有机质

2.6.2.1 土壤有机质基本概况

有机质在土壤肥力上的作用是多方面的，一方面是植物生长所需要的氮、磷、硫、微量元素等各种养分的主要来源，一方面又通过影响土壤物理、化学和生物学性质而改善肥力特性。其主要来源于有机肥和植物根、茎、枝、叶的腐化变质及各种微生物等，为植物提供丰富的 C、H、O、S 及微量元素，可以直接为植物所吸收利用。有机质含量主要受气候、植被、地形、土壤类型、耕作措施等因素的影响，全国范围内有机质背景值范围为 0.01%~91.5%，平均值为 3.1%，而内蒙古自治区土壤有机质背景值范围为 0.01%~22.58%，平均值为 3.93%。

2.6.2.2 我国土壤有机质分布情况及分级指标

有机质含量分级可作为土壤养分分级的主要依据，根据全国第二次土壤普查资料及有关标准，将土壤有机质含量分为六级，即一级为丰富水平（>40 g/kg），二级为较丰富水平（30~40 g/kg），三级为中等水平（20~30 g/kg），四级为缺乏水平（10~20 g/kg），五级为较缺水平（6~10 g/kg），六级为极缺水平（<6 g/kg）。另外，我国《绿色食品 产地环境质量》（NY/T 391—2021）标准针对不同用途土壤将有机质分为三级，葡萄果园可参考园地土壤分级标准，即Ⅰ级为丰富水平（>20 g/kg），Ⅱ级为尚可水平（15~20 g/kg），Ⅲ级为低于临界值（<15 g/kg）。

2.6.2.3 葡萄生长的土壤有机质适宜范围

葡萄对土壤有机质需求较高，即土壤有机质含量在 10~30 g/kg 时供应充足，处于葡萄生长适宜范围之内，而有机质值低于 10 g/kg 时供应不足，低于葡萄生长适宜范围，不利于葡萄正常生长，高于 30 g/kg 时有机质供应非常充足。

2.6.2.4 有机质含量统计学特征及分布特征

W 市全市区域葡萄果园土壤有机质范围为 3.35~29.20 g/kg，平均值为 10.38 g/kg，变异系数为 65.98%，平均值低于全国土壤背景值（20.0 g/kg）和内蒙古自治区土壤背景值（39.3 g/kg），属于弱变异性。有机质分布呈明显的正偏态分布，即有机质较低的点位所占比例高于有机质较高的点位比例，总体不服从正态分布。

2.6.2.5 有机质分级结果

按照我国第二次土壤普查分级标准，W 市葡萄果园中，12.5%土壤有机质含量处于三级水平，25.0%处于四级水平，30.0%处于五级水平，32.5%处于六级水平，没有一级和二级监测点位；参照《绿色食品 产地环境质量》（NY/T 391—2021）要求，W 市葡萄果园中，土壤有机质含量以Ⅲ级为主，占总点位的 75.0%，其次为Ⅰ级水平和Ⅱ级水平，均占总点位的 12.5%。

2.6.2.6 葡萄果园土壤有机质适宜性评价

W 市葡萄果园中，有机质含量整体上偏低，仅 37.5%监测点果园土壤有机质含量处于葡萄生长适宜及以上范围，有机质营养供应充足，62.5%监测点果园土壤有机质含量低于生长适宜值低限阈值。

2.6.3 全氮

2.6.3.1 土壤中氮基本概况

土壤氮素是作物生长所必需的大量营养元素之一，同时又是土壤微生物自身合成和分解所需的能量。我国土壤中氮素含量多在 0.2~5.0 g/kg，其含量主要取决于气候、地形、植被、母质、质地及利用方式、耕作管理、施肥制度等。土壤氮含量与有机质含量有密切关系，我国土壤呈南北略高、中部略低的趋势。

2.6.3.2 我国土壤全氮含量分级标准

根据全国第二次土壤普查资料及有关标准，将土壤全氮含量分为六级，即一级为丰富水平(>0.2%)，二级为较丰富水平(0.15%~0.2%)，三级为中等水平(0.1%~0.15%)，四级为缺乏水平(0.075%~0.1%)，五级为较缺水平(0.05%~0.075%)，六级为极缺水平(<0.05%)。另外，我国《绿色食品 产地环境质量》(NY/T 391—2021)标准针对不同用途土壤将全氮分为三级，葡萄果园可参考园地土壤分级标准，即Ⅰ级为丰富水平(>1.0%)，Ⅱ级为尚可水平(0.8%~1.0%)，Ⅲ级为低于临界值(<0.8%)。

2.6.3.3 葡萄生长的土壤氮含量适宜范围

土壤有效氮含量在 50~150 mg/kg 时氮素供应充足，处于葡萄生长的适宜范围之内；有效氮含量低于 50 mg/kg 时氮素供应不足，低于适宜范围；有效氮含量高于 150 mg/kg 时氮素供应非常充足。

2.6.3.4 全氮含量统计学特征及分布特征

W 市葡萄果园土壤全氮范围为 0.048~1.540 g/kg，平均值为 0.388 g/kg，变异系数为 90.80%，属于中等变异性，区域内各采样点全氮含量受外界影响程度非常大，分布形态上属于正偏态分布，即全氮较低的点位所占比例高于全氮较高的点位比例。

2.6.3.5 全氮分级结果

按照我国第二次土壤普查分级标准，W 市葡萄果园中，土壤全氮含量 2.5%处于二级水平，7.5%处于三级水平，5.0%处于四级水平，12.5%处于五级水平，72.5%处于六级水平，全氮含量水平没有一级监测点位。可见 W 市葡萄果园土壤全氮含量水平整体较低，较高含量水平(一级和二级)土壤点位仅占比 2.5%，中等含量水平(三级和四级)土壤点位仅占比 12.5%，高达 85.0%点位土壤全氮含量水平处于中等以下水平(五级和六级)；按照《绿色食品 产地环境质量》(NY/T 391—2021)的要求，W 市葡萄果园中，土壤全氮含量以Ⅲ级(低于临界值)为主，占总样品点位的 85.0%，其次为Ⅰ级水平(含量丰富)和Ⅱ级水平(含量尚可)，仅各占总样品点位的 7.5%。可见 W 市葡萄果园土壤中全氮含量整体水平不高，基本上以Ⅲ级水平为主，Ⅰ级水平和Ⅱ级水平总体占比不高，建议加强有机肥的施用。

2.6.3.6 葡萄果园土壤氮含量适宜性评价

W 市葡萄果园中，7.5%监测点土壤全氮含量高于葡萄生长适宜值高限阈值(1.0 g/kg)，全氮营养供应非常充足，果园管理中不必刻意增加氮素肥料的投入；7.5%监测点土壤全氮含量处于 0.8~1.0 g/kg，全氮营养供应充足，适宜于葡萄生长，果园管理中不需要着重加强氮素肥料的施用；85.0%监测点土壤全氮含量低于葡萄生长适宜值低限阈值(0.8 g/kg)，全氮营养供应不足，不利于葡萄的正常生长，果园管理中要特别注意增加氮素肥料的投入。

2.6.4 有效磷

2.6.4.1 土壤磷素基本情况

磷是植物必需营养元素之一，对作物生长和健康的作用仅次于氮素。我国土壤磷含量为 0.017%~0.109%，大部分土壤中磷的含量为 0.043%~0.066%。土壤中磷分为有机磷和无机磷两种形态,在大多数土壤中,磷主要以无机形态为主,包括矿物态磷、吸附态磷、水溶态磷等。许多情况下,土壤的供磷能力与全磷含量关系不大,影响土壤供磷能力的土壤因素主要包括土壤 pH 值、有机质种类及含量、无机胶体种类及性质、土壤质地、土壤水分、土壤温度及元素之间的相互作用。土壤中磷的一个主要来源是母岩或母质的风化,另一个重要的来源是施肥、农药等土壤利用过程中进入土壤的磷。

2.6.4.2　我国土壤中磷素含量分级标准

根据全国第二次土壤普查资料及有关标准,将土壤有效磷含量分为六级,即一级土壤为丰富(>40 mg/kg),二级土壤为较丰富(20～40 mg/kg),三级土壤为中等(10～20 mg/kg),四级土壤为缺乏(5～10 mg/kg),五级土壤为较缺(3～5 mg/kg),六级土壤为极缺(<3 mg/kg)。另外,在我国《绿色食品 产地环境质量》(NY/T 391—2021)标准中针对不同用途土壤将有效磷分为三级,葡萄果园可参考园地土壤分级标准,即Ⅰ级为丰富水平(>10 mg/kg),Ⅱ级为尚可水平(5～10 mg/kg),Ⅲ级为低于临界值水平(<5 mg/kg)。

2.6.4.3　葡萄生长的土壤有效磷适宜范围

土壤有效磷含量高于 150 mg/kg 时磷素含量水平很高,能够为葡萄生长提供非常充足的磷素;土壤有效磷含量在 26～150 mg/kg 时磷素含量水平较高,能够满足葡萄生长所需的磷素供应;土壤有效磷含量在 16～25 mg/kg 时磷素含量水平中等,不足以满足葡萄生长所需的磷素供应;而有效磷含量低于 15 mg/kg 时磷素含量水平较低,不利于葡萄生长,不能够满足葡萄生长所需的磷素供应。

2.6.4.4　有效磷含量的统计学特征及分布特征

W 市葡萄果园土壤有效磷范围为 4.80～168.30 mg/kg,平均值为 47.51 mg/kg,变异系数为 96.46%,属于中等变异性,即有效磷在空间分布上不均匀,说明区域内各采样点有效磷含量受外界影响程度较大。分布形态上属于正偏态分布,区域内有效磷分布是不服从正态分布的。

2.6.4.5　有效磷分级结果

按照我国第二次土壤普查分级标准,W 市葡萄果园土壤有效磷中,37.5%处于一级水平,22.5%处于二级水平,32.5%处于三级水平,5.0%处于四级水平,2.5%处于五级水平,有效磷含量水平没有六级监测点位。可见 W 市葡萄果园土壤有效磷含量水平整体较高,较高含量水平(一级和二级)土壤点位占比 60.0%,中等含量水平(三级和四级)土壤点位仅占比 37.5%,2.5%点位土壤有效磷含量水平处于中等以下水平(五级和六级);参照《绿色食品 产地环境质量》(NY/T 391—2021)的要求,W 市葡萄果园土壤有效磷中,以Ⅰ级(含量水平为丰富)为主,占总样品点位的 92.5%,其次为Ⅱ级水平(含量水平为尚可),占总样品点位的 5.0%,Ⅲ级水平(含量低于临界值),占总样品点位的 2.5%。可见 W 市葡萄果园土壤有效磷含量水平整体非常高,92.5%果园中土壤有效磷含量在尚可及以上水平。

2.6.4.6　葡萄果园土壤磷含量适宜性评价

W 市葡萄果园中,有效磷含量水平整体上一般,47.5%监测点果园土壤有效磷含量处于葡萄生长适宜及以上范围(含量处于很高或高的水平),磷素营养供应相应充足;52.5%监测点果园土壤有效磷含量处于葡萄生长适宜值及以下范围(含量处于中等或低的水平)，磷素营养供应能力一般或明显不足。

2.6.5 速效钾

2.6.5.1 土壤钾素基本情况

钾是作物不可缺少的大量营养元素。我国土壤全钾背景值范围为0.03%~44.87%，平均值为1.86%，内蒙古自治区土壤全钾背景值范围为1.19%~2.79%，平均值为2.08%。影响土壤钾含量变异的因素主要有气候、成土母质、土壤质地、耕作及施肥。根据钾素对植物有效性的大小，土壤中钾素可划分为四类即水溶性钾、交换性钾、非交换性钾及矿物态钾。

2.6.5.2 我国土壤钾素含量分级指标

根据全国第二次土壤普查资料及有关标准，将土壤速效钾含量分为六级，即一级土壤为丰富水平(速效钾>200 mg/kg)，二级土壤为较丰富水平(速效钾150~200 mg/kg)，三级土壤为中等水平(速效钾100~150 mg/kg)，四级土壤为缺乏水平(速效钾50~100 mg/kg)，五级土壤为较缺水平(速效钾30~50 mg/kg)，六级土壤为极缺水平(速效钾<30 mg/kg)。另外，在我国《绿色食品 产地环境质量》(NY/T 391—2021)标准中针对不同用途土壤将速效钾分为三级，葡萄果园可参考园地土壤分级标准，即Ⅰ级土壤为丰富水平(速效钾>100 mg/kg)，Ⅱ级土壤为尚可水平(速效钾50~100 mg/kg)，Ⅲ级土壤为低于临界值水平(速效钾<50 mg/kg)。

2.6.5.3 葡萄生长的土壤速效钾适宜范围

土壤速效钾含量高于600 mg/kg时钾素含量水平很高，能够为葡萄生长提供非常充足的钾素；土壤速效钾含量在240~600 mg/kg时钾素含量水平较高，能够满足葡萄生长所需的钾素供应；土壤速效钾含量在120~240 mg/kg时钾素含量水平中等，不足以满足葡萄生长所需的钾素供应；而速效钾含量低于120 mg/kg时钾素含量水平较低，不利于葡萄生长，不能够满足葡萄生长所需的钾素供应。

2.6.5.4 速效钾含量统计学特征及分布特征

W市葡萄果园土壤速效钾含量范围为55.0~450.0 mg/kg，平均值为141.5 mg/kg，变异系数为68.09%，属于中等变异性，即区域内各采样点速效钾在空间分布上不均匀，其含量受外界影响程度较大。区域内速效钾分布形态整体上属于正偏，是不服从正态分布的。

2.6.5.5 速效钾分级结果

按照我国第二次土壤普查分级标准，W市葡萄果园土壤速效钾含量中，15.0%处于一级水平，17.5%处于二级水平，20.0%处于三级水平，47.5%处于四级水平，没有五级水平及六级水平监测点位。可见W市葡萄果园土壤速效钾含量水平整体较高，较高含量水平(一级和二级)土壤点位占比32.5%，中等含量水平(三级和四级)土壤点位仅占比67.5%，没有果园土壤速效钾含量水平处于中等以下水平(五级和六级)。参照《绿色食品 产地环境质量》(NY/T 391—2021)的要求，W市葡萄果园土壤速效钾含量中，以Ⅰ级(含量水平为丰富)为主，占总样品点位的52.5%，其次为Ⅱ级水平(含量水平为尚可)，占总样品点位的47.5%。可见W市葡萄果园土壤速效钾含量水平整体较高，100.0%果园中土壤速效钾含量在尚可及以上水平，且含量水平以丰富为主。

2.6.5.6　葡萄果园土壤速效钾含量适宜性评价

W 市葡萄果园中，土壤中速效钾含量水平整体上一般，15.0%监测点果园土壤速效钾含量处于葡萄生长适宜及以上范围（含量处于很高或高的水平），钾素营养供应相应充足；85.0%监测点果园土壤速效钾含量处于葡萄生长适宜值及以下范围（含量处于中等或低的水平），钾素营养供应能力一般或明显不足。

第 3 章 葡萄产地环境土壤质量安全评价

土壤中含有的成分对植物的生长往往起到深刻的影响,所以土壤中过量的重金属元素必会导致植物中重金属含量超标,进而通过食物链影响到人体健康,由此可见土壤重金属污染评价分析对土壤重金属污染防治非常重要。本章以 W 市为实例,从安全生产角度,采用描述统计的方法,对葡萄果园土壤中重金属含量水平、变异程度及分布形态进行分析,并通过与国家土壤及内蒙古自治区土壤重金属背景值做比较,来分析葡萄果园土壤重金属积累程度及受外界影响程度;利用不同污染指数评价法对重金属污染状况进行分级评价;通过相关性分析的方法,分析葡萄果园土壤中不同重金属之间的相关程度,探讨葡萄果园土壤中可能有共同来源的重金属,进而分析污染产生的原因;对照《土壤环境质量 农用地土壤污染风险管控标准(试行)》(GB 15618—2018)的要求,对葡萄产地环境土壤污染风险分类评价,并给出果园土壤合理利用及安全生产建议;对照《绿色食品 产地环境质量》(NY/T 391—2021)的要求,对葡萄产地环境土壤质量安全做出评价,并对种植业绿色食品的适宜性给出建议。

3.1 葡萄产地环境土壤中重金属基本概况

3.1.1 土壤铅基本概况

3.1.1.1 铅总体情况

铅是构成地壳的元素之一,在地壳中丰度为 12×10^{-6}。世界土壤中铅含量范围为 2~300 mg/kg,中位值为 35 mg/kg,未受污染的土壤中铅含量中位值为 12 mg/kg。我国土壤铅元素背景值区域分布规律和分布特征为:纬度地带的总趋势为南半部高、北半部低、东部高于西北部。铅主要积累在土壤表层,且含量与土壤的性质有关,如酸性土壤一般比碱性土壤的铅含量低。在远离人类活动影响的地区,铅的含量一般与岩石中的相似。铅背景值主要影响因子排序为土壤类型、土地利用、母质母岩、地形。铅是土壤中一种不可降解的,在环境中可长期蓄积的常见重金属污染元素之一。土壤中铅的自然来源主要是矿物和岩石中的本底值,人为来源主要是工业生产和汽车排放的气体降尘、城市污泥和垃圾,以及采矿和金属加工业废弃物的排放等。总之,铅污染的来源广泛,主要来自汽车废气和冶炼、制造及使用铅制品的工矿企业,如蓄电池、铸造合金、电缆包铅、油漆、颜料、农药、陶瓷、塑料、辐射防护材料等。

3.1.1.2 耕地土壤铅背景值分布规律

中国耕地土壤分布差异较大,以秦岭—淮河以南水稻土为主,以北旱作土壤为主,其土壤环境背景值见表 3-1-1。其中水稻土、潮土、塿土、绵土、黑垆土和绿洲土铅背景值范围分别为 18.5~56.0 mg/kg、13.5~23.9 mg/kg、13.5~23.9 mg/kg、18.5~23.9 mg/kg、

18.5~23.9 mg/kg 和 23.9~31.1 mg/kg。

表 3-1-1　我国耕地土壤铅背景值分布

（引自中国环境监测总站，1990）

土壤类型	水稻土	潮土	塿土	绵土	黑垆土	绿洲土
铅背景值/（mg/kg）	18.5~56.0	13.5~23.9	13.5~23.9	18.5~23.9	18.5~23.9	23.9~31.1

我国土壤及内蒙古自治区土壤铅背景值统计量见表 3-1-2。内蒙古自治区 A 层土壤和 C 层土壤铅背景值平均值分别为 17.2 mg/kg 和 16.8 mg/kg，均低于全国相应土层土壤铅背景值（A 层土壤 26.0 mg/kg 和 C 层土壤 24.7 mg/kg）。

表 3-1-2　我国土壤及内蒙古自治区土壤铅背景值统计量

（引自中国环境监测总站，1990）

土壤层	区域	统计量/（mg/kg）				
		范围	中位值	算术平均值	几何平均值	95%范围值
A 层	全国	0.68~1 143	23.5	26.0±12.37	23.6±1.54	10.0~56.1
	内蒙古自治区	1.7~64.6	13.9	17.2±10.18	15.0±1.65	35.7
C 层	全国	0.69~925.9	22.0	24.7±11.89	22.3±1.56	9.2~54.3
	内蒙古自治区	1.6~122.2	14.1	16.8±9.79	14.7±1.66	38.5

3.1.2　土壤镉基本概况

3.1.2.1　镉总体情况

镉是一种稀有分散元素，在地壳中丰度仅为 0.2×10^{-6}。世界土壤中镉含量范围为 0.01~2 mg/kg，中位值为 0.35 mg/kg。虽然各地区土壤镉背景值有较大差异，但一般情况下土壤中自然存在的镉不至于对人类造成危害，造成危害的土壤镉大都是人为因素引入的。不同区域因成土母质不同镉背景值含量也存在一定差异。我国镉元素背景值区域分布规律和分布特征总趋势为：在我国东部地区呈现中部偏高、南北偏低的趋势；从东南沿海向西部地区逐渐增高；云南、贵州、广西及新疆阿尔泰地区为高背景区；内蒙古、广东、福建和河北北部地区为低背景区。镉背景值主要影响因子排序为土壤类型、土壤有机质、地形等，自然来源主要是岩石和土壤的本底值，人为来源主要指人类工农业生产活动造成的镉对大气、水体和土壤的污染，如交通运输、农业投入品的使用、污水灌溉、污泥施肥、工矿企业活动等。

3.1.2.2　耕地土壤镉背景值分布规律

中国耕地土壤分布差异较大，以秦岭—淮河一线为界，以南水稻土为主，以北旱作土壤为主，其土壤环境背景值见表 3-1-3。其中水稻土、潮土、塿土、绵土、黑垆土和绿洲土镉背景值范围分别为 0. 024~0. 029 mg/kg、0. 046~0. 190 mg/kg、0. 046~0. 120 mg/kg、0. 046~0. 190 mg/kg、0. 080~0. 190 mg/kg 和 0. 024~0. 190 mg/kg。

表 3-1-3　我国耕地土壤镉背景值分布

(引自中国环境监测总站,1990)

土壤类型	水稻土	潮土	塿土	绵土	黑垆土	绿洲土
镉背景值/(mg/kg)	0. 024~0. 029	0. 046~0. 190	0. 046~0. 120	0. 046~0. 190	0. 080~0. 190	0. 024~0. 190

我国土壤及内蒙古自治区土壤镉背景值统计量见表 3-1-4。内蒙古自治区 A 层土壤和 C 层土壤镉背景值平均值分别为 0. 053 mg/kg 和 0. 050 mg/kg,均低于全国相应土层土壤镉背景值(A 层土壤 0. 097 mg/kg 和 C 层土壤 0. 084 mg/kg)。

表 3-1-4　我国土壤及内蒙古自治区土壤镉背景值统计量

(引自中国环境监测总站,1990)

土壤层	区域	统计量/(mg/kg)				
		范围	中位值	算术平均值	几何平均值	95%范围值
A 层	全国	0. 001~13. 4	0. 079	0. 097±0. 079	0. 074±2. 118	0. 017~0. 333
	内蒙古自治区	0. 004~0. 214	0. 045	0. 053±0. 039 4	0. 037 4±2. 552 1	0. 129
C 层	全国	0. 000 1~13. 9	0. 069	0. 084±0. 075	0. 061±2. 35	0. 011~0. 339
	内蒙古自治区	0. 000 1~5. 607	0. 034	0. 050±0. 057 9	0. 032 0±2. 647 9	0. 144

3. 1. 3　土壤铬基本概况

3. 1. 3. 1　铬总体情况

铬在地壳中的含量范围为 80~200 mg/kg,平均为 125 mg/kg,比 Co、Zn、Cu、Pb、Ni 和 Cd 的含量高。世界土壤中铬含量范围为 5~1 500 mg/kg,中位值为 70 mg/kg。我国铬元素背景值区域分布规律和分布特征总趋势为东部地区中间高、东部和北部偏低;青藏高原的东部和南部偏高;松嫩平原、辽河平原、华北平原、黄土高原和青藏高原北部等区域,背景值处于中间水平。铬背景值主要影响因子排序为土壤类型、母质母岩、pH 值、地形等,自然土壤中铬主要来源于成土岩石,大气中重金属铬的沉降是土壤中铬污染的主要来源之一。

3. 1. 3. 2　耕地土壤铬背景值分布规律

中国耕地土壤分布差异较大,以秦岭—淮河一线为界,以南水稻土为主,以北旱作土壤为主,其土壤环境背景值见表 3-1-5。其中水稻土、潮土、塿土、绵土、黑垆土和绿洲土铬背景值范围分别为 17. 2~94. 6 mg/kg、40. 2~73. 8 mg/kg、40. 2~73. 9 mg/kg、57. 3~73. 9 mg/kg、40. 2~94. 6 mg/kg、57. 3~94. 6 mg/kg。

表 3-1-5　我国耕地土壤铬背景值分布规律

(引自中国环境监测总站,1990)

土壤类型	水稻土	潮土	𪤵土	绵土	黑垆土	绿洲土
铬背景值/(mg/kg)	17.2~94.6	40.2~73.8	40.2~73.9	57.3~73.9	40.2~94.6	57.3~94.6

我国土壤及内蒙古自治区土壤铬背景值统计量见表 3-1-6。内蒙古自治区 A 层土壤和 C 层土壤铬背景值平均值分别为 41.4 mg/kg 和 38.0 mg/kg,均分别低于全国相应土层土壤铬背景值(A 层土壤 61.0 mg/kg 和 C 层土壤 60.8 mg/kg)。

表 3-1-6　我国土壤及内蒙古自治区土壤铬背景值统计量

(引自中国环境监测总站,1990)

土壤层	区域	统计量/(mg/kg)				
		范围	中位值	算术平均值	几何平均值	95%范围值
A 层	全国	2.20~1 209	57.3	61.0±31.07	53.9±1.67	19.3~150.2
	内蒙古自治区	2.2~164.1	39.3	41.4±20.42	36.5±1.69	73.5
C 层	全国	1.00~924	57.3	60.8±32.43	52.8±1.74	17.5~159.5
	内蒙古自治区	3.1~431.2	34.8	38.0±23.93	30.9±1.98	75.7

3.1.4　土壤镍基本概况

3.1.4.1　镍总体情况

镍普遍存在于自然环境中,地壳中镍丰度为 89×10^{-6},平均含量为 80 mg/kg,在地壳中各元素含量顺序中占第 23 位。世界土壤中镍含量范围为 2~750 mg/kg,中位值为 50 mg/kg。镍有很强的亲疏性,主要以硫化镍矿和氧化镍矿的形态存在,在铁、钴、铜和一些稀土矿中,往往有镍共生。我国镍元素背景值区域分布规律和分布特征总趋势为在我国东半部由南到北,形成南北低、中间高的分布特点,并表现出从东北向西南逐渐增高的趋势;在东南沿海地区、海南省和内蒙古东部形成低背景区;云南、广西和贵州西部出现高背景区。镍背景值主要影响因子为 pH 值,其次为土壤类型、母质母岩、土壤质地等。土壤中镍污染的主要来源包括采矿废弃池、高背景含镍土壤、工业生产污染土壤等。

3.1.4.2　耕地土壤镍背景值分布规律

中国耕地土壤分布差异较大,以秦岭—淮河一线为界,以南水稻土为主,以北旱作土壤为主,其土壤环境背景值见表 3-1-7。其中水稻土、潮土、𪤵土、绵土、黑垆土和绿洲土镍背景值范围分别为 9.0~42.0 mg/kg、17.0~42.0 mg/kg、24.9~33.0 mg/kg、17.0~44.0 mg/kg、24.9~42.4 mg/kg 和 33.0~51.0 mg/kg。

表 3-1-7 我国耕地土壤镍背景值分布

(引自中国环境监测总站,1990)

土壤类型	水稻土	潮土	塿土	绵土	黑垆土	绿洲土
镍背景值/(mg/kg)	9.0~42.0	17.0~42.0	24.9~33.0	17.0~44.0	24.9~42.4	33.0~51.0

我国土壤及内蒙古自治区土壤镍背景值统计量见表 3-1-8。内蒙古自治区 A 层土壤和 C 层土壤镍背景值平均值分别为 19.5 mg/kg 和 19.0 mg/kg,均分别低于全国相应土层土壤镍背景值(A 层土壤 26.9 mg/kg 和 C 层土壤 28.6 mg/kg)。

表 3-1-8 我国土壤及内蒙古自治区土壤镍背景值统计量

(引自中国环境监测总站,1990)

土壤层	区域	统计量/(mg/kg)				
		范围	中位值	算术平均值	几何平均值	95%范围值
A 层	全国	0.06~627	24.9	26.9±14.36	23.4±1.74	7.7~71.0
	内蒙古自治区	1.3~98.2	18.7	19.5±9.07	17.3±1.68	36.1
C 层	全国	0.01~879.3	26.0	28.6±17.08	24.3±1.83	7.3~80.8
	内蒙古自治区	5.8~118.9	16.5	19.0±13.13	15.3±2.0	40.5

3.1.5 土壤汞基本概况

3.1.5.1 汞总体情况

汞是构成地壳的物质,在自然界中分布比较广泛。汞在地壳中的丰度为 0.089×10^{-6},世界土壤中汞含量范围为 0.01~0.5 mg/kg,中位值为 0.06 mg/kg。从总体上来说,我国南方土壤汞的含量较低,为 0.032~0.05 mg/kg,北方土壤较高,为 0.17~0.24 mg/kg。我国汞元素背景值区域分布规律和分布特征总趋势为:东南高西部低;松辽平原和华北平原接近于全国平均水平;广西、广东、湖南、贵州、四川等省(区)属高背景值区;新疆、甘肃、内蒙古西部、西藏西部等属低背景值区。汞背景值主要影响因子排序为土壤类型、母质母岩、pH 值、植被等。汞的自然来源包括火山活动、岩石分化、植被释放等,人为来源主要是人类活动,如工业上含汞废水、废气和废渣等,农业上含汞农药、化肥的使用等,生活中洗涤用品、含汞电器、温度计、含汞化妆品等的使用等。

3.1.5.2 耕地土壤汞背景值分布规律

中国耕地土壤分布差异较大,以秦岭—淮河一线为界,以南水稻土为主,以北旱作土壤为主,其土壤环境背景值见表 3-1-9。其中水稻土、潮土、塿土、绵土、黑垆土和绿洲土汞背景值范围分别为 0.012~0.150 mg/kg、0.020~0.040 mg/kg、0.012~0.040 mg/kg、

0. 012～0. 020 mg/kg、0. 009～0. 020 mg/kg 和 0. 020～0. 040 mg/kg。

表 3-1-9　我国耕地土壤汞背景值分布

（引自中国环境监测总站，1990）

土壤类型	水稻土	潮土	𪤗土	绵土	黑垆土	绿洲土
汞背景值/(mg/kg)	0. 012～0. 150	0. 020～0. 040	0. 012～0. 040	0. 012～0. 020	0. 009～0. 020	0. 020～0. 040

我国土壤及内蒙古自治区土壤汞背景值统计量见表 3-1-10。内蒙古自治区 A 层土壤和 C 层土壤汞背景值平均值分别为 0. 040 mg/kg 和 0. 034 mg/kg，均分别低于全国相应土层土壤汞背景值（A 层土壤 0. 065 mg/kg 和 C 层土壤 0. 044 mg/kg）。

表 3-1-10　我国土壤及内蒙古自治区土壤汞背景值统计量

（引自中国环境监测总站，1990）

土壤层	区域	统计量/(mg/kg)				
		范围	中位值	算术平均值	几何平均值	95%范围值
A 层	全国	0. 001～45. 9	0. 038	0. 065±0. 080	0. 040±2. 602	0. 006～0. 272
	内蒙古自治区	0. 001～1. 124	0. 026	0. 040±0. 045 1	0. 027 8±2. 226 4	0. 148
C 层	全国	0. 001～267	0. 025	0. 044±0. 057	0. 026±2. 65	0. 002～0. 187
	内蒙古自治区	0. 004～0. 450	0. 019	0. 034±0. 046 1	0. 020 7±2. 459 7	0. 161

3. 1. 6　土壤砷基本概况

3. 1. 6. 1　土壤砷基本情况

砷在地壳中的丰度为 2. 2×10^{-6}。世界土壤中砷含量范围为 0. 1～40 mg/kg，中位值为 6 mg/kg。自然土体中的砷含量为 0. 2～400 mg/kg，平均浓度为 5 mg/kg，我国土壤砷的平均含量为 9. 29 mg/kg。虽然土壤中砷含量水平存在区域间的差异，但除一些特殊的富砷地区外，非污染土壤中砷含量通常为 1～40 mg/kg，一般不会超过 15 mg/kg。中国表层土壤中砷含量的分布呈现出从西南到东北递减的趋势，高海拔地区土壤砷含量高于低海拔地区，海拔较高的土壤砷含量高于海拔较低的土壤。我国砷元素背景值区域分布规律和分布特征总趋势为在我国秦岭以南的广大区域，由东向西，从沿海到青藏高原，砷元素背景值由低向高逐渐变化；北方广大地区处于中等水平。砷背景值主要影响因子排序为土壤类型、母质母岩、地形、土地利用。砷来源的自然因素主要是土壤的成土母质中所含的砷元素，人为来源包括人类各种活动如开采、冶炼和产品制造等。

3. 1. 6. 2　耕地土壤砷背景值分布规律

中国耕地土壤分布差异较大，以秦岭—淮河一线为界，以南水稻土为主，以北旱作土壤为主,其土壤环境背景值见表 3-1-11。其中水稻土、潮土、𪾢土、绵土、黑垆土和绿洲土砷背景值范围分别为 3.5~20.2 mg/kg、6.2~13.7 mg/kg、6.2~13.7 mg/kg、9.6~13.7 mg/kg、9.6~13.7 mg/kg 和 6.2~13.7 mg/kg。

表 3-1-11 我国耕地土壤砷背景值分布

(引自中国环境监测总站,1990)

土壤类型	水稻土	潮土	𪾢土	绵土	黑垆土	绿洲土
砷背景值/(mg/kg)	3.5~20.2	6.2~13.7	6.2~13.7	9.6~13.7	9.6~13.7	6.2~13.7

我国及内蒙古自治区土壤砷背景值统计量见表 3-1-12。内蒙古自治区 A 层土壤和 C 层土壤砷背景值平均值均为 7.5 mg/kg,均分别低于全国相应土层土壤砷背景值(A 层土壤 11.2 mg/kg 和 C 层土壤 11.5 mg/kg)。

表 3-1-12 我国土壤及内蒙古自治区土壤砷背景值统计量

(引自中国环境监测总站,1990)

土壤层	区域	统计量/(mg/kg)				
		范围	中位值	算术平均值	几何平均值	95%范围值
A 层	全国	0.01~626	9.6	11.2±7.86	9.2±1.91	2.5~33.5
	内蒙古自治区	0.01~77.6	6.7	7.5±4.56	6.3±1.81	15.3
C 层	全国	0.03~4 441	9.9	11.5±8.41	9.2±1.98	2.4~36.1
	内蒙古自治区	0.01~4 441.0	5.6	7.5±6.15	5.7±2.15	17.4

3.1.7 土壤铜基本概况

3.1.7.1 背景值总体情况

地壳中铜的丰度为63×10^{-6}。世界土壤中铜含量范围为 2~250 mg/kg,中位值为 30 mg/kg。在自然界中,铜分布很广,主要以硫化物矿和氧化物矿形式存在。我国土壤中全铜的含量一般为 4~150 mg/kg,平均约 22 mg/kg。铜在土壤中绝大部分被土壤的各个组分吸附或结合,主要形态有水溶态、交换吸附态、弱专性吸附态(碳酸根结合态)、氧化物结合态、有机结合态、残留态。我国不同土壤类型中铜元素背景值有一定的区域分布规律和分布特征。比如在我国东部区域,铜元素背景值表现出南北低、中间高的趋势,另有从东北向西南逐步增高的特点。在新疆天山以北形成一个较高的背景区;松辽平原、华北平原、黄土高原和青藏高原等广大区域的环境背景值,接近于全国平均水平。铜背景值主要影响因子排序为母质母岩、土壤类型、地形、土壤质地。土壤铜的来源受成土母质、气候、人类活动等多种因素的影响。

3.1.7.2　土壤铜背景值分布规律

中国耕地土壤分布差异较大，以秦岭—淮河一线为界，以南水稻土为主，以北旱作土壤为主，其土壤环境背景值见表 3-1-13。其中水稻土、潮土、塿土、绵土、黑垆土和绿洲土铜背景值范围分别为 14.9～27.3 mg/kg、14.9～27.3 mg/kg、14.9～36.7 mg/kg、20.7～27.3 mg/kg、20.7～27.3 mg/kg 和 14.9～27.3 mg/kg。

表 3-1-13　我国耕地土壤铜背景值分布

（引自中国环境监测总站，1990）

土壤类型	水稻土	潮土	塿土	绵土	黑垆土	绿洲土
铜背景值/（mg/kg）	14.9～27.3	14.9～27.3	14.9～36.7	20.7～27.3	20.7～27.3	14.9～27.3

我国土壤及内蒙古自治区土壤铜背景值统计量见表 3-1-14。内蒙古自治区 A 层土壤和 C 层土壤铜背景值平均值分别为 14.4 mg/kg 和 13.5 mg/kg，均分别低于全国相应土层土壤铜背景值（A 层土壤 22.6 mg/kg 和 C 层土壤 23.1 mg/kg）。

表 3-1-14　我国土壤及内蒙古自治区土壤铜背景值统计量

（引自中国环境监测总站，1990）

土壤层	区域	统计量/（mg/kg）				
		范围	中位值	算术平均值	几何平均值	95%范围值
A 层	全国	0.33～272	20.7	22.6±11.41	20.0±1.66	7.3～55.1
	内蒙古自治区	1.3～76.7	14.2	14.4±7.70	12.9±1.65	25.0
C 层	全国	0.17～1 041	21.0	23.1±13.56	19.8±1.77	6.3～62.2
	内蒙古自治区	1.8～342.0	12.2	13.5±8.46	11.1±1.90	29.5

3.1.8　土壤锌基本概况

3.1.8.1　锌背景值总体情况

锌在自然界中分布较广，地壳中锌的丰度为 94×10^{-6}。世界土壤中锌含量范围为 1～900 mg/kg，中位值为 9 mg/kg。我国锌元素背景值区域分布规律和分布特征总趋势为在我国东、中部地区，呈中间高、南北低的趋势；在青藏高原是东部偏高、西部偏低；湖南、广西、云南等省的山地丘陵区和横断山脉是我国锌元素的高背景值区；广东、海南省沿海及内蒙古中、西部是低值区；松辽平原、华北平原和黄土高原等地区处于中间水平。锌背景值主要影响因子排序为土壤类型、母质母岩、土壤有机质、土壤质地。主要污染来源有农业生产、交通运输、污水灌溉、污泥施肥等。

3.1.8.2　土壤锌背景值分布规律

中国耕地土壤分布差异较大，以秦岭—淮河一线为界，以南水稻土为主，以北旱作土壤为主,其土壤环境背景值见表 3-1-15。其中水稻土、潮土、埁土、绵土、黑垆土和绿洲土锌背景值范围分别为 50.9~88.5 mg/kg、50.9~88.5 mg/kg、50.9~67.3 mg/kg、50.9~88.5 mg/kg、67.3~88.5 mg/kg 和 50.9~67.3 mg/kg。

表 3-1-15　我国耕地土壤锌背景值分布

(引自中国环境监测总站,1990)

土壤类型	水稻土	潮土	埁土	绵土	黑垆土	绿洲土
锌背景值/(mg/kg)	50.9~88.5	50.9~88.5	50.9~67.3	50.9~88.5	67.3~88.5	50.9~67.3

我国及内蒙古自治区土壤锌背景值统计量见表 3-1-16。内蒙古自治区 A 层土壤和 C 层土壤锌背景值平均值分别为 59.1 mg/kg 和 56.7 mg/kg,均分别低于全国相应土层土壤锌背景值(A 层土壤 74.2 mg/kg 和 C 层土壤 71.1 mg/kg)。

表 3-1-16　我国土壤及内蒙古自治区土壤锌背景值统计量

(引自中国环境监测总站,1990)

土壤层	区域	统计量/(mg/kg)				
		范围	中位值	算术平均值	几何平均值	95%范围值
A 层	全国	2.60~593	68.0	74.2±32.78	67.7±1.54	28.4~161.1
	内蒙古自治区	2.6~555.5	53.8	59.1±37.56	48.6±1.95	121.5
C 层	全国	0.81~1 075	64.6	71.1±32.64	64.7±1.54	27.1~154.2
	内蒙古自治区	2.2~1 075.2	52.7	56.7±40.19	44.1±2.15	130.0

3.2　葡萄产地环境土壤中重金属含量及统计学特征

本部分主要通过描述统计的方法,以 W 市为实例对葡萄果园土壤中重金属含量水平及变异程度进行分析,并通过与国家土壤及内蒙古自治区土壤重金属背景值做比较,来分析葡萄果园土壤重金属积累程度及受外界影响程度。

3.2.1　铅含量及统计学特征

W 市不同区域葡萄果园土壤重金属铅统计学特征见表 3-2-1。总体来说,W 市葡萄果园土壤铅含量范围为 8.40~19.80 mg/kg,平均值为 14.30 mg/kg,变异系数为 16.17%,平均值低于国家土壤铅背景值(26 mg/kg)和内蒙古自治区土壤铅背景值(17.2 mg/kg),说明该区域内土壤重金属铅积累现象不明显。W 市葡萄果园土壤铅含量属于中等变异性,即铅在空间上不均匀,说明土壤铅含量受外界影响程度中等。

表 3-2-1　葡萄果园土壤中铅统计量

区域	点位/个	统计量/(mg/kg)					变异系数/%
		极小值	极大值	平均值	标准差	中位值	
全市区域	40	8.40	19.80	14.30	2.313	14.40	16.17
H 区	20	8.40	15.00	12.96	1.888	13.25	14.57
L 区	14	13.80	19.80	16.04	1.820	15.60	11.35
S 区	6	12.70	18.00	14.72	1.920	14.75	13.04

不同区域葡萄果园土壤铅分布不同,但差异不明显,铅含量平均值从大到小依次为 L 区(16.04 mg/kg)>S 区(14.72 mg/kg)>H 区(12.96 mg/kg),其中 L 区及 S 区葡萄果园土壤铅含量平均水平高于全市区域,而 H 区土壤铅含量平均水平则低于全市区域。

不同区域葡萄果园土壤铅分布形态基本一致。其中全市区域、H 区、S 区果园土壤铅含量平均值分别为 14.30 mg/kg、12.96 mg/kg 和 14.72 mg/kg,均稍小于相应区域果园土壤铅含量中位值(分别为 14.40 mg/kg、13.25 mg/kg 和 14.75 mg/kg),属于负偏。而 L 区果园土壤铅含量平均值(16.04 mg/kg)稍大于相应区域果园土壤铅含量中位值(15.60 mg/kg),属于正偏。

不同区域葡萄果园土壤铅含量变异系数基本呈现一个层次,全市区域、H 区、L 区、S 区土壤铅含量变异系数分别为 16.17%、14.57%、11.35%和 13.04%,均属于中等变异性,即铅在空间上分布不均匀,说明区域内各采样点铅含量受外界影响程度中等。

3.2.2　镉含量及统计学特征

W 市不同区域葡萄果园土壤重金属镉统计学特征见表 3-2-2。总体来说,W 市葡萄果园土壤镉含量范围为 0.064 7~0.364 0 mg/kg,平均值为 0.190 2 mg/kg,变异系数为 35.23%,平均值高于国家土壤镉背景值(0.097 mg/kg)和内蒙古自治区土壤镉背景值(0.053 mg/kg),说明该区域内土壤重金属镉积累现象比较明显。W 市葡萄果园土壤镉含量属于中等变异性,即镉在空间上分布不均匀,土壤镉含量受外界影响程度中等。

不同区域葡萄果园土壤镉分布不同,但差异不明显,镉含量平均值从大到小依次为 L 区(0.248 4 mg/kg)>S 区(0.167 2 mg/kg)>H 区(0.156 3 mg/kg),其中 L 区葡萄果园土壤镉含量平均水平高于全市区域,而 H 区及 S 区土壤镉含量平均水平则低于全市区域。

不同区域葡萄果园土壤镉分布形态基本一致。其中全市区域、L 区、S 区果园土壤镉含量平均值分别为 0.190 2 mg/kg、0.248 4 mg/kg 和 0.167 2 mg/kg,均稍大于相应区域果园土壤镉含量中位值(分别为 0.179 0 mg/kg、0.212 5 mg/kg 和 0.161 0 mg/kg),属于正偏。而 H 区果园土壤镉含量平均值(0.156 3 mg/kg)稍小于相应区域果园土壤镉含量中位值(0.169 0 mg/kg),属于负偏。

表 3-2-2 葡萄果园土壤中镉统计量

区域	点位/个	统计量/(mg/kg)					变异系数/%
		极小值	极大值	平均值	标准差	中位值	
全市区域	40	0.064 7	0.364 0	0.190 2	0.067	0.179 0	35.23
H 区	20	0.064 7	0.230 0	0.156 3	0.044	0.169 0	28.15
L 区	14	0.181 0	0.364 0	0.248 4	0.065	0.212 5	26.17
S 区	6	0.130 0	0.243 0	0.167 2	0.040	0.161 0	23.92

不同区域葡萄果园土壤镉含量变异系数基本呈现一个层次，全市区域、H 区、L 区、S 区土壤镉含量变异系数分别为 35.23%、28.15%、26.17%和 23.92%，均属于中等变异性，即镉在空间上分布不均匀，区域内各采样点镉含量受外界影响程度中等。

3.2.3 铬含量及统计学特征

W 市不同区域葡萄果园土壤重金属铬统计学特征见表 3-2-3。总体来说，W 市葡萄果园土壤铬含量范围为 34.20～128.00 mg/kg，平均值为 52.88 mg/kg，变异系数为 40.78%，平均值低于国家土壤铬背景值（61.0 mg/kg），但高于内蒙古自治区土壤铬背景值（41.4 mg/kg），说明该区域内土壤重金属铬是存在一定程度的积累的。W 市葡萄果园土壤铬含量属于中等变异性，即铬在空间上分布不均匀，土壤铬含量受外界影响程度中等。

表 3-2-3 葡萄果园土壤中铬统计量

区域	点位/个	统计量/(mg/kg)					变异系数/%
		极小值	极大值	平均值	标准差	中位值	
全市区域	40	34.20	128.00	52.88	21.564	46.65	40.78
H 区	20	34.80	108.00	53.34	24.215	42.55	45.40
L 区	14	34.20	60.00	49.82	6.966	50.85	13.98
S 区	6	36.80	128.00	58.45	34.761	45.95	59.47

不同区域葡萄果园土壤铬分布不同，但差异不明显，铬含量平均值从大到小依次为 S 区（58.45 mg/kg）>H 区（53.34 mg/kg）>L 区（49.82 mg/kg），其中 H 区及 S 区葡萄果园土壤铬含量平均水平高于全市区域，而 L 区土壤铬含量平均水平则低于全市区域。

不同区域葡萄果园土壤铬分布形态基本一致。其中全市区域、H 区、S 区果园土壤铬含量平均值分别为 52.88 mg/kg、53.34 mg/kg 和 58.45 mg/kg，均稍大于相应区域果园土壤铬含量中位值（分别为 46.65 mg/kg、42.55 mg/kg 和 45.95 mg/kg），属于正偏。而 L 区果园土壤铬含量平均值（49.82 mg/kg）稍小于相应区域果园土壤铬含量中位值（50.85 mg/kg），属于负偏。

不同区域葡萄果园土壤铬含量变异系数基本呈现一个层次，全市区域、H 区、L 区、S 区土壤铬含量变异系数分别为 40.78%、45.40%、13.98%和 59.47%，均属于中等变异性，即铬在空间上分布不均匀，说明区域内各采样点铬含量受外界影响程度中等。

3.2.4　镍含量及统计学特征

W 市不同区域葡萄果园土壤重金属镍统计学特征见表 3-2-4。总体来说，W 市葡萄果园土壤镍含量范围为 17.30～41.00 mg/kg，平均值为 22.78 mg/kg，变异系数为 26.32%，平均值低于国家土壤镍背景值（26.9 mg/kg），但高于内蒙古自治区土壤镍背景值（19.5 mg/kg），说明该区域内土壤重金属镍是存在一定程度的积累的。W 市葡萄果园土壤镍含量属于中等变异性，即镍在空间上分布不均匀，土壤镍含量受外界影响程度中等。

表 3-2-4　葡萄果园土壤中镍统计量

区域	点位/个	统计量/(mg/kg)					变异系数/%
		极小值	极大值	平均值	标准差	中位值	
全市区域	40	17.30	41.00	22.78	5.995	21.10	26.32
H 区	20	17.30	41.00	22.51	6.824	19.60	30.32
L 区	14	17.40	39.40	24.11	5.454	23.75	22.62
S 区	6	17.40	27.80	20.62	3.900	19.80	18.91

不同区域葡萄果园土壤镍分布不同，但差异不明显，镍含量平均值从大到小依次为 L 区（24.11 mg/kg）>H 区（22.51 mg/kg）>S 区（20.62 mg/kg），其中 L 区葡萄果园土壤镍含量平均水平高于全市区域，而 H 区及 S 区土壤镍含量平均水平则低于全市区域。

不同区域葡萄果园土壤镍分布形态基本一致。其中全市区域、H 区、L 区、S 区果园土壤镍含量平均值分别为 22.78 mg/kg、22.51 mg/kg、24.11 mg/kg 和 20.62 mg/kg，均稍大于相应区域果园土壤镍含量中位值（分别为 21.10 mg/kg、19.60 mg/kg、23.75 mg/kg 和 19.80 mg/kg），属于正偏。

不同区域葡萄果园土壤镍含量变异系数基本呈现一个层次，全市区域、H 区、L 区、S 区土壤镍含量变异系数分别为 26.32%、30.32%、22.62%和 18.91%，均属于中等变异性，即镍在空间上分布不均匀，区域内各采样点镍含量受外界影响程度中等。

3.2.5　汞含量及统计学特征

W 市不同区域葡萄果园土壤重金属汞统计学特征见表 3-2-5。总体来说，W 市葡萄果园土壤汞含量范围为 0.005 3～0.087 8 mg/kg，平均值为 0.032 0 mg/kg，变异系数为 68.75%，平均值低于国家土壤汞背景值（0.065 mg/kg）和内蒙古自治区土壤汞背景值（0.040 mg/kg），说明该区域内土壤重金属汞积累现象不明显。W 市葡萄果园土壤汞含量属于中等变异性，即汞在空间上分布不均匀，土壤汞含量受外界影响程度中等。

表 3-2-5　葡萄果园土壤中汞统计量

区域	点位/个	统计量/（mg/kg）					变异系数/%
		极小值	极大值	平均值	标准差	中位值	
全市区域	40	0.005 3	0.087 8	0.032 0	0.022	0.028 1	68.75
H 区	20	0.005 3	0.072 4	0.023 5	0.019	0.014 3	80.85
L 区	14	0.013 8	0.087 8	0.042 4	0.023	0.034 0	54.25
S 区	6	0.025 3	0.064 6	0.035 7	0.015	0.031 0	40.02

不同区域葡萄果园土壤汞分布不同，但差异不明显，汞含量平均值从大到小依次为 L 区（0.042 4 mg/kg）>S 区（0.035 7 mg/kg）>H 区（0.023 5 mg/kg），其中 L 区葡萄果园土壤汞含量平均水平高于全市区域，而 H 区及 S 区土壤汞含量平均水平则低于全市区域。

不同区域葡萄果园土壤汞分布形态基本一致。其中全市区域、H 区、L 区、S 区果园土壤汞含量平均值分别为 0.032 0 mg/kg、0.023 5 mg/kg、0.042 4 mg/kg 和 0.035 7 mg/kg，均稍大于相应区域果园土壤汞含量中位值（分别为 0.028 1 mg/kg、0.014 3 mg/kg、0.034 0 mg/kg 和 0.031 0 mg/kg），属于正偏。

不同区域葡萄果园土壤汞含量变异系数基本呈现一个层次，全市区域、H 区、L 区、S 区土壤汞含量变异系数分别为 68.75%、80.85%、54.25%和 40.02%，均属于中等变异性，即汞在空间上分布不均匀，区域内各采样点汞含量受外界影响程度中等。

3.2.6　砷含量及统计学特征

W 市不同区域葡萄果园土壤重金属砷统计学特征见表 3-2-6。总体来说，W 市葡萄果园土壤砷含量范围为 2.27～9.38 mg/kg，平均值为 4.19 mg/kg，变异系数为 40.88%，平均值低于国家土壤砷背景值（11.2 mg/kg）和内蒙古自治区土壤砷背景值（7.5 mg/kg），说明该区域内土壤重金属砷积累现象不明显。W 市葡萄果园土壤砷含量属于中等变异性，即砷在空间上分布不均匀，土壤砷含量受外界影响程度中等。

表 3-2-6　葡萄果园土壤中砷统计量

区域	点位/个	统计量/(mg/kg)					变异系数/%
		极小值	极大值	平均值	标准差	中位值	
全市区域	40	2. 27	9. 38	4. 19	1. 713	3. 73	40. 88
H 区	20	2. 68	6. 55	4. 11	1. 196	3. 78	29. 10
L 区	14	2. 62	9. 38	4. 66	2. 346	3. 61	50. 34
S 区	6	2. 27	5. 48	3. 39	1. 314	2. 78	38. 76

不同区域葡萄果园土壤砷分布不同,但差异不明显,砷含量平均值从大到小依次为 L 区(4. 66 mg/kg)>H 区(4. 11 mg/kg)>S 区(3. 39 mg/kg),其中 L 区葡萄果园土壤砷含量平均水平高于全市区域,而 H 区及 S 区土壤砷含量平均水平则低于全市区域。

不同区域葡萄果园土壤砷分布形态基本一致。其中全市区域、H 区、L 区、S 区果园土壤砷含量平均值分别为 4. 19 mg/kg、4. 11 mg/kg、4. 66 mg/kg 和 3. 39 mg/kg,均稍大于相应区域果园土壤砷含量中位值(分别为 3. 73 mg/kg、3. 78 mg/kg、3. 61 mg/kg 和 2. 78 mg/kg),属于正偏。

不同区域葡萄果园土壤砷含量变异系数基本呈现一个层次,全市区域、H 区、L 区、S 区土壤砷含量变异系数分别为 40. 88%、29. 10%、50. 34%和 38. 76%,均属于中等变异性,即砷在空间上分布不均匀,区域内各采样点砷含量受外界影响程度中等。

3. 2. 7　铜含量及统计学特征

W 市不同区域葡萄果园土壤重金属铜统计学特征见表 3-2-7。总体来说,W 市葡萄果园土壤铜含量范围为 10. 00 ~ 22. 00 mg/kg,平均值为 15. 65 mg/kg,变异系数为 20. 99%,平均值低于国家土壤铜背景值(20. 0 mg/kg),但高于内蒙古自治区土壤铜背景值(12. 9 mg/kg),说明该区域内土壤重金属铜积累现象不明显。W 市葡萄果园土壤铜含量属于中等变异性,即铜在空间上分布不均匀,土壤铜含量受外界影响程度中等。

表 3-2-7　葡萄果园土壤中铜统计量

区域	点位/个	统计量/(mg/kg)					变异系数/%
		极小值	极大值	平均值	标准差	中位值	
全市区域	40	10. 00	22. 00	15. 65	3. 175	15. 00	20. 99
H 区	20	10. 00	22. 00	15. 65	2. 907	15. 50	18. 58
L 区	14	10. 00	22. 00	16. 00	3. 762	15. 50	23. 51
S 区	6	11. 00	18. 00	14. 83	2. 927	15. 00	19. 74

不同区域葡萄果园土壤铜分布不同,但差异不明显,铜含量平均值从大到小依次为L区(16.00 mg/kg)>H区(15.65 mg/kg)>S区(14.83 mg/kg),其中L区葡萄果园土壤铜含量平均水平高于全市区域,H区土壤铜含量平均水平与全市区域相当,而S区土壤铜含量平均水平则低于全市区域。

不同区域葡萄果园土壤铜分布形态基本一致。其中全市区域、H区、L区果园土壤铜含量平均值分别为15.65 mg/kg、15.65 mg/kg、16.00 mg/kg,均稍大于相应区域果园土壤铜含量中位值(分别为15.00 mg/kg、15.50 mg/kg、15.50 mg/kg),属于正偏。而S区果园土壤铜含量平均值(14.83 mg/kg)则稍低于土壤铜含量中位值(15.00 mg/kg),属于负偏。

不同区域葡萄果园土壤铜含量变异系数基本呈现一个层次,全市区域、H区、L区、S区土壤铜含量变异系数分别为20.99%、18.58%、23.51%和19.74%,均属于中等变异性,即铜在空间上分布不均匀,区域内各采样点铜含量受外界影响程度中等。

3.2.8　锌含量及统计学特征

W市不同区域葡萄果园土壤重金属锌统计学特征见表3-2-8。总体来说,W市葡萄果园土壤锌含量范围为33.00~85.00 mg/kg,平均值为48.48 mg/kg,变异系数为26.59%,平均值低于国家土壤锌背景值(74.2 mg/kg)和内蒙古自治区土壤锌背景值(59.1 mg/kg),说明该区域内土壤重金属锌积累现象不明显。W市葡萄果园土壤锌含量属于中等变异性,即锌在空间上分布不均匀,土壤锌含量受外界影响程度中等。

表3-2-8　葡萄果园土壤中锌统计量

区域	点位/个	统计量/(mg/kg)					变异系数/%
		极小值	极大值	平均值	标准差	中位值	
全市区域	40	33.00	85.00	48.48	12.892	45.00	26.59
H区	20	36.00	85.00	45.75	11.898	42.00	26.01
L区	14	37.00	81.00	54.21	13.924	49.00	25.69
S区	6	33.00	55.00	44.17	10.496	44.00	23.76

不同区域葡萄果园土壤锌分布不同,但差异不明显,锌含量平均值从大到小依次为L区(54.21 mg/kg)>H区(45.75 mg/kg)>S区(44.17 mg/kg),其中L区葡萄果园土壤锌含量平均水平高于全市区域,H区和S区土壤锌含量平均水平则低于全市区域。

不同区域葡萄果园土壤锌分布形态基本一致。其中全市区域、H区、L区、S区果园土壤锌含量平均值分别为48.48 mg/kg、45.75 mg/kg、54.21 mg/kg、44.17 mg/kg,均稍大于相应区域果园土壤锌含量中位值(分别为45.00 mg/kg、42.00 mg/kg、49.00 mg/kg和

44.00 mg/kg)，属于正偏。

不同区域葡萄果园土壤锌含量变异系数基本呈现一个层次，全市区域、H区、L区、S区土壤锌含量变异系数分别为26.59%、26.01%、25.69%和23.76%，均属于中等变异性，即锌在空间上分布不均匀，区域内各采样点锌含量受外界影响程度中等。

3.3　葡萄产地环境土壤中重金属含量分布形态

本部分主要通过描述统计的方法，以W市为实例对葡萄果园土壤中重金属含量、变异程度及其分布形态进行分析。

3.3.1　铅含量分布形态特征

由统计结果可以看出（见表3-3-1），不同区域葡萄果园土壤重金属铅分布偏度系数不同，全市区域和H区葡萄果园土壤铅分布偏度系数分别为-0.149和-1.244，均小于0，表明区域内土壤铅含量呈负偏态分布，即铅含量较高的点位所占比例高于铅含量较低的点位比例，H区的差异要比全市区域稍大些。而L区和S区果园土壤铅分布偏度系数分别为0.785和0.904，大于0但小于1，表明区域内土壤铅呈不太明显的正偏态分布，即铅含量较高的点位所占比例稍低于铅含量较低的点位比例。由铅含量分布形态直方图（见图3-3-1）可以很明显地看出不同区域果园土壤铅的分布形态。

表3-3-1　葡萄果园土壤铅含量分布特征

区域	点位/个	分布特征				K-S检验	
		偏度系数	偏度系数/标准误	峰度系数	峰度系数/标准误	统计量	Sig.
全市区域	40	-0.149	-0.400	1.028	1.403	0.131	0.082
H区	20	-1.244	-2.429	0.598	0.603	0.229	0.007
L区	14	0.785	1.313	-0.268	-0.232	0.196	0.150
S区	6	0.904	1.069	1.155	0.664	0.234	0.200

不同区域葡萄果园土壤重金属铅分布峰度系数不同。全市区域、H区及S区果园土壤铅分布峰度系数分别为1.028、0.598和1.155，均大于0，为陡峭峰态。而L区葡萄果园土壤铅分布峰度系数为-0.268，小于0，为平缓峰态。由全市区域铅含量分布形态Q-Q图（见图3-3-2）和箱式图（见图3-3-3）也可以很明显地看出果园土壤铅含量极端值的多少及偏离情况。

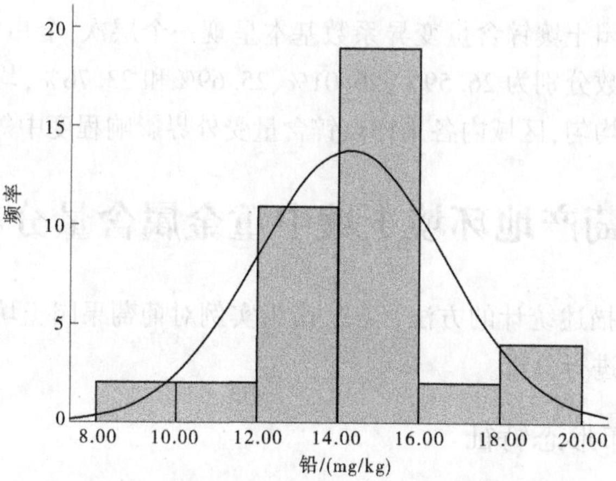

(a)全市区域

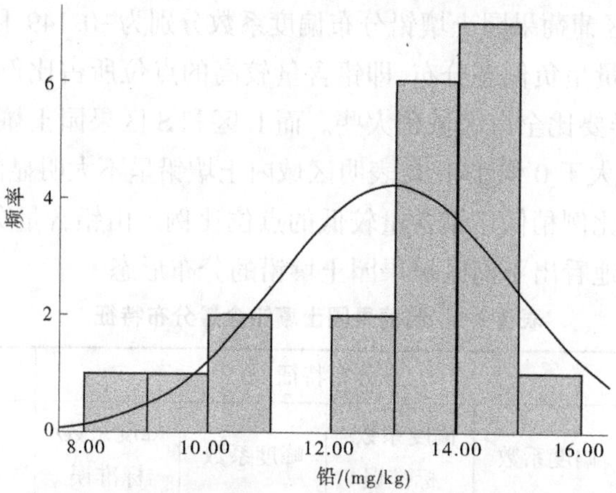

(b)H区

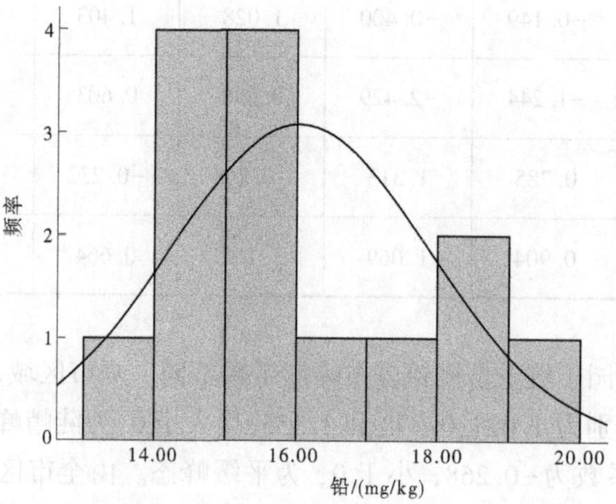

(c)L区

图 3-3-1　各区域土壤铅含量分布形态直方图

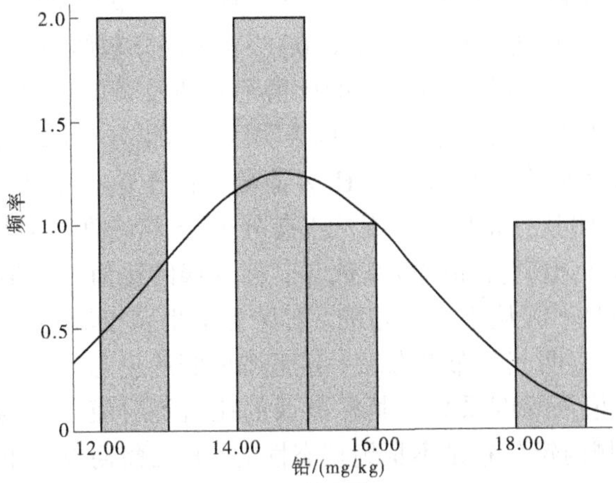

(d)S区

续图 3-3-1

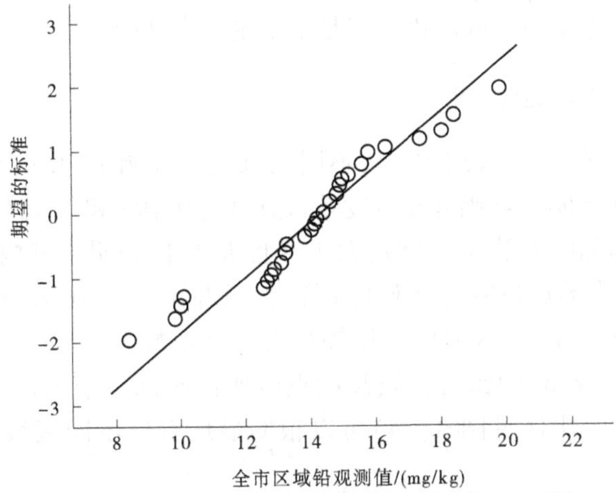

图 3-3-2　全市区域土壤铅含量分布形态 Q-Q 图

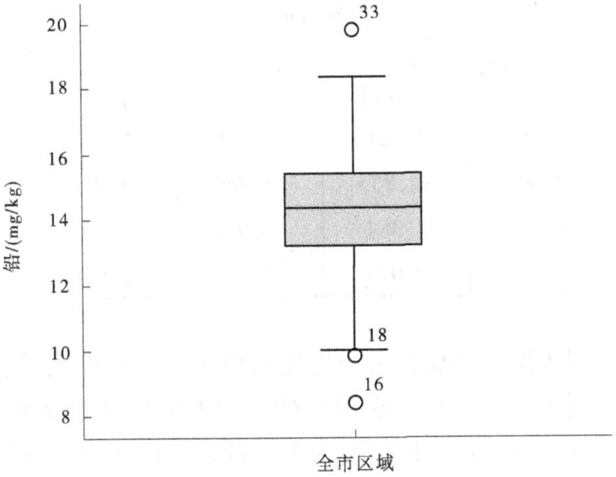

图 3-3-3　全市区域土壤铅含量分布形态箱式图

由铅分布特征统计表及分布形态直方图可以看出,W 市全市区域葡萄果园土壤重金属铅的 K-S 检验的 Sig. 值为 0.082(大于 0.05),表明其分布形态在一定范围内近似服从正态分布,且其分布偏度系数与其标准误的比值绝对值及峰度系数与其标准误的比值绝对值分别为 0.400 和 1.403,均小于 1.96,也表明区域内铅分布是不拒绝正态分布的。不同区域果园土壤铅分布形态不同,其中:H 区葡萄果园土壤铅的 K-S 检验的 Sig. 值为 0.007(小于 0.01),表明其分布形态不服从正态分布,虽然峰度系数与其标准误的比值绝对值小于 1.96(0.603),但其分布偏度系数与其标准误的比值绝对值大于 1.96(2.429),也表明区域内铅分布是不服从正态分布的。L 区葡萄果园土壤铅的 K-S 检验的 Sig. 值为 0.150(大于 0.05),表明其分布形态在一定范围内服从正态分布,且其分布偏度系数与其标准误的比值绝对值及峰度系数与其标准误的比值绝对值分别为 1.313 和 0.232,均小于 1.96,也表明区域内铅分布是不拒绝正态性的。S 区葡萄果园土壤铅的 K-S 检验的 Sig. 值为 0.200(大于 0.05),表明其分布形态在一定范围内服从正态分布,且其分布偏度系数与其标准误的比值绝对值及峰度系数与其标准误的比值绝对值分别为 1.069 和 0.664,均小于 1.96,也表明区域内铅分布是不拒绝正态性的。

3.3.2 镉含量分布形态特征

由统计结果可以看出(见表 3-3-2),不同区域葡萄果园土壤重金属镉分布偏度系数不同,全市区域、L 区果园土壤镉分布偏度系数分别为 0.793 和 0.827,均大于 0 但小于 1,S 区果园土壤镉分布偏度系数为 1.757,大于 0 且大于 1,表明区域内土壤镉含量呈正偏态分布,即镉含量较高的点位所占比例低于镉含量较低的点位比例,但 S 区的差异要比全市区域和 H 区稍大些。而 H 区果园土壤镉分布偏度系数为-1.001,小于 0,表明区域内土壤镉含量呈负偏态分布,即镉含量较高的点位所占比例高于镉含量较低的点位比例。由镉含量分布形态直方图(见图 3-3-4)可以很明显地看出不同区域果园土壤镉的分布形态。

表 3-3-2 葡萄果园土壤镉含量分布特征

区域	点位/个	分布特征				K-S 检验	
		偏度系数	偏度系数/标准误	峰度系数	峰度系数/标准误	统计量	Sig.
全市区域	40	0.793	2.121	1.319	1.801	0.166	0.007
H 区	20	-1.001	-1.955	0.406	0.409	0.265	0.001
L 区	14	0.827	1.384	-0.902	-0.781	0.278	0.004
S 区	6	1.757	2.079	3.693	2.121	0.345	0.024

不同区域葡萄果园土壤重金属镉分布峰度系数不同。全市区域、H 区及 S 区果园土壤镉分布峰度系数分别为 1.319、0.406 和 3.693,均大于 0,为陡峭峰态。而 L 区葡萄果园土壤镉分布峰度系数为-0.902,小于 0,为平缓峰态。由全市区域镉分布形态 Q-Q 图(见图 3-3-5)和箱式图(见图 3-3-6)也可以很明显地看出果园土壤镉含量极端值的多少及偏离情况。

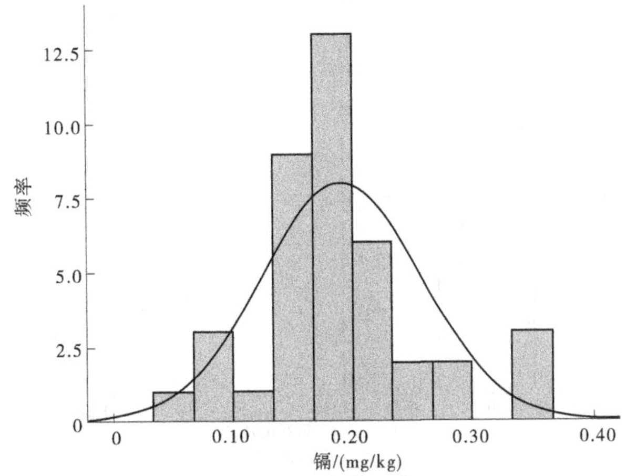

(a)全市区域

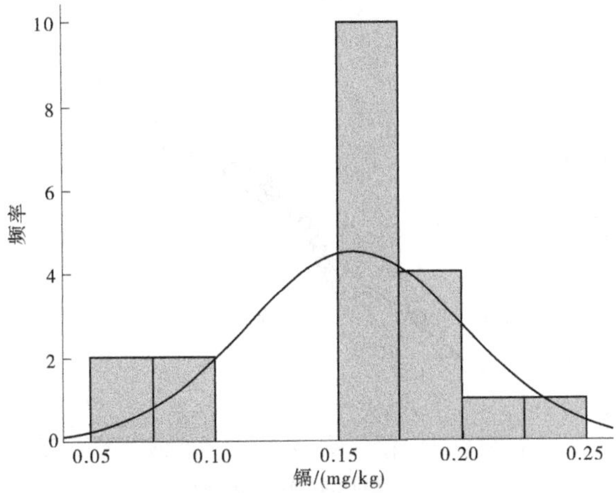

(b)H区

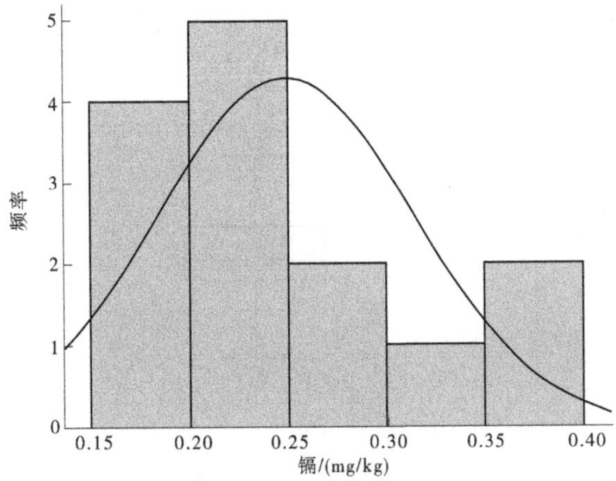

(c)L区

图 3-3-4　各区域土壤镉含量分布形态直方图

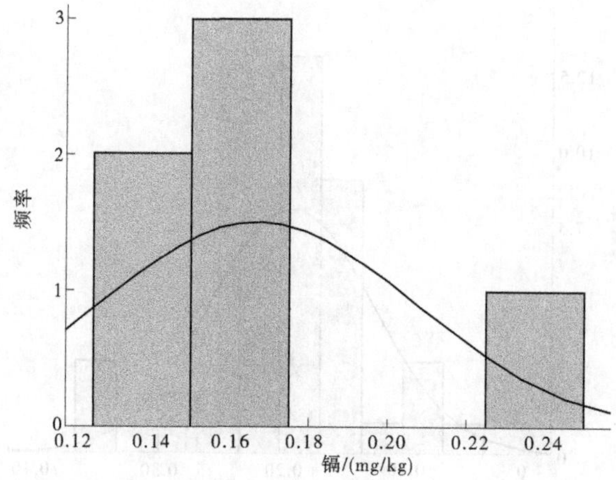

(d)S区

续图 3-3-4

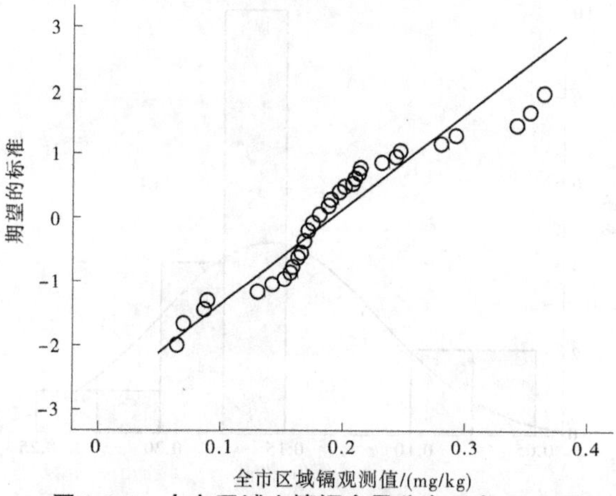

图 3-3-5　全市区域土壤镉含量分布形态 Q-Q 图

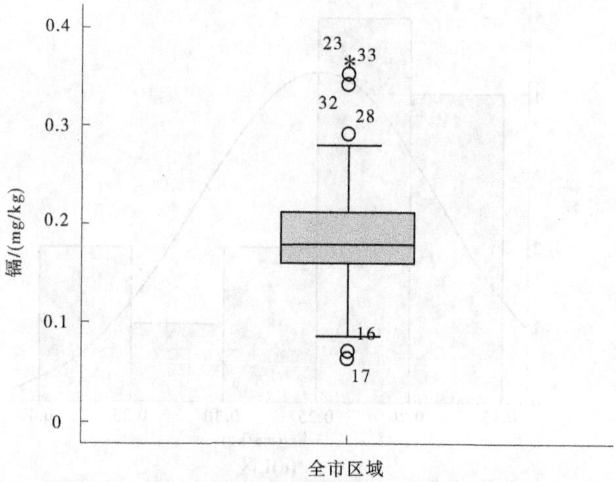

图 3-3-6　全市区域土壤镉含量分布形态箱式图

由镉分布特征统计表及分布形态直方图可以看出,W 市全市区域葡萄果园土壤重金属镉的 K-S 检验的 Sig. 值为 0.007(小于 0.01),表明其分布形态不服从正态分布,虽然峰度系数与其标准误的比值绝对值小于 1.96(1.801),但其分布偏度系数与其标准误的比值绝对值大于 1.96(2.121),也表明区域内镉分布是不服从正态分布的。不同区域果园土壤镉分布形态不同,其中:H 区葡萄果园土壤重金属镉的 K-S 检验的 Sig. 值为 0.001(小于 0.01),表明其分布形态不服从正态分布,虽然峰度系数与其标准误的比值绝对值小于 1.96(0.409),但其分布偏度系数与其标准误的比值绝对值接近 1.96(1.955),也表明区域内镉分布是不服从正态分布的。L 区果园土壤重金属镉的 K-S 检验的 Sig. 值为 0.004(小于 0.01),表明其分布形态不服从正态分布,但是其分布偏度系数与其标准误的比值绝对值及峰度系数与其标准误的比值绝对值分别为 1.384 和 0.781,均小于 1.96,表明区域内镉分布是不拒绝正态性的,但由于 K-S 检验的 Sig. 值仅为 0.004,总体上 L 区果园土壤镉的分布形态是不服从正态分布的。S 区葡萄果园土壤重金属镉的 K-S 检验的 Sig. 值为 0.024(大于 0.01 但小于 0.05),表明其分布形态在某种程度上不服从正态分布,且其偏度系数与其标准误的比值绝对值(2.079)和峰度系数与其标准误的比值绝对值(2.121)均大于 1.96,也表明区域内镉分布是不服从正态分布的。

3.3.3　铬含量分布形态特征

由统计结果可以看出(见表 3-3-3),不同区域葡萄果园土壤重金属铬分布偏度系数不同,全市区域、H 区和 S 区果园土壤铬分布偏度系数分别为 2.261、1.716 和 2.241,均大于 0 且大于 1,表明区域内土壤铬含量呈明显的正偏态分布,即铬含量较高的点位所占比例明显低于铬含量较低的点位比例。而 L 区果园土壤铬分布偏度系数为-0.545,小于 0,表明区域内土壤铬含量呈负偏态分布,即铬含量较高的点位所占比例高于铬含量较低的点位比例。由铬分布直方图(见图 3-3-7)可以很明显地看出不同区域果园土壤铬的分布形态。

表 3-3-3　葡萄果园土壤铬含量分布特征

区域	点位/个	分布特征				K-S 检验	
		偏度系数	偏度系数/标准误	峰度系数	峰度系数/标准误	统计量	Sig.
全市区域	40	2.261	6.049	4.577	6.248	0.276	0.000
H 区	20	1.716	3.352	1.428	1.439	0.373	0.000
L 区	14	-0.545	-0.912	0.644	0.558	0.127	0.200
S 区	6	2.241	2.652	5.180	2.976	0.364	0.013

不同区域葡萄果园土壤重金属铬分布峰度系数不同。全市区域、H 区、L 区和 S 区果园土壤铬分布峰度系数分别为 4.577、1.428、0.644 和 5.180,均大于 0,为陡峭峰态。由全市区域铬分布形态 Q-Q 图(见图 3-3-8)和箱式图(见图 3-3-9)也可以很明显地看出果园土壤铬含量极端值的多少及偏离情况。

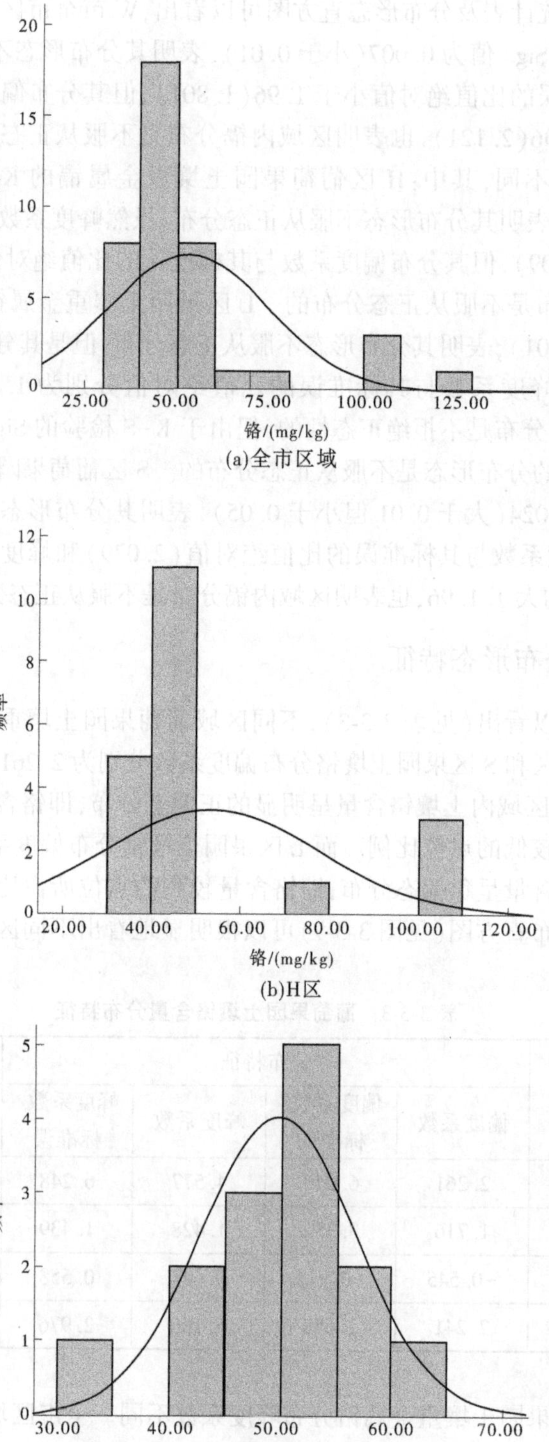

图 3-3-7　各区域土壤铬含量分布形态直方图

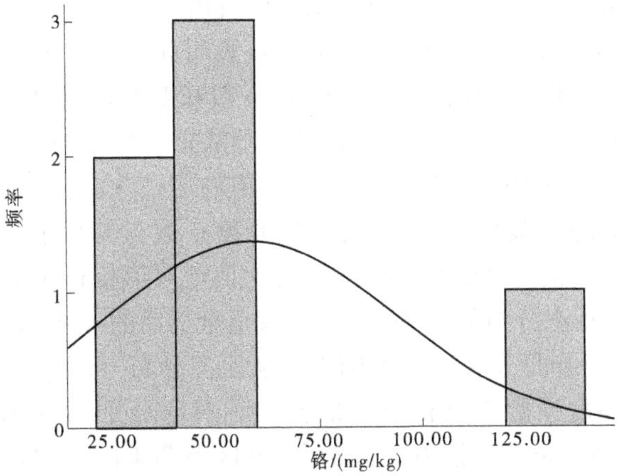

(d)S区

续图 3-3-7

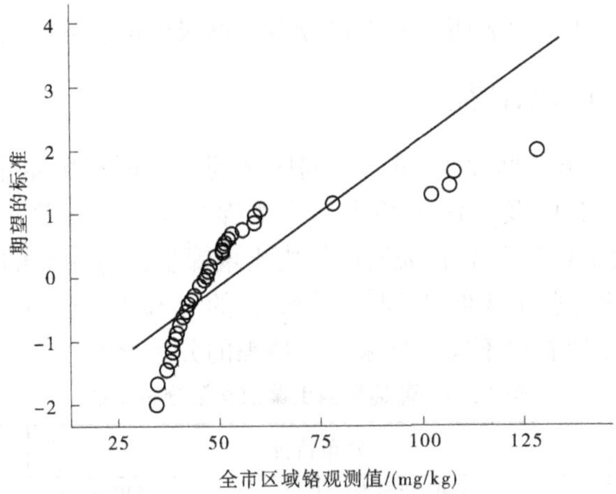

图 3-3-8　全市区域土壤铬含量分布形态 Q-Q 图

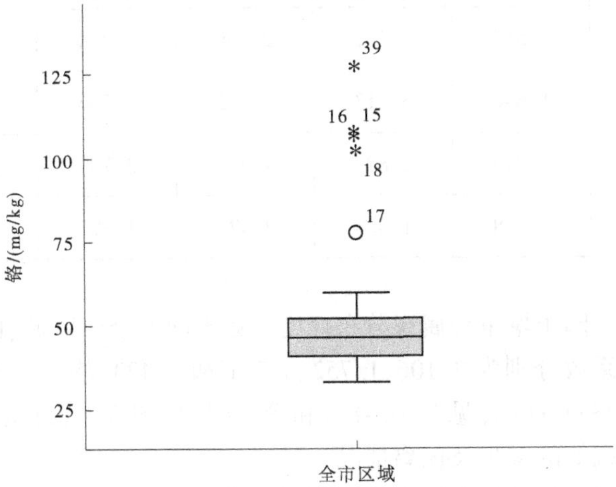

图 3-3-9　全市区域土壤铬含量分布形态箱式图

由铬分布特征统计表及分布形态直方图可以看出,W 市全市区域葡萄果园土壤重金属铬的 K-S 检验的 Sig. 值为 0.000(小于 0.01),表明其分布形态不服从正态分布,且其分布偏度系数与其标准误的比值绝对值(6.049)和峰度系数与其标准误的比值绝对值(6.248)均大于 1.96,也表明区域内铬分布是不服从正态分布的。不同区域果园土壤铬分布形态不同,其中:H 区葡萄果园土壤重金属铬的 K-S 检验的 Sig. 值为 0.000(小于 0.01),表明其分布形态不服从正态分布,虽然峰度系数与其标准误的比值绝对值小于 1.96(1.439),但其分布偏度系数与其标准误的比值绝对值接近 1.96(3.352),也表明区域内铬分布是不服从正态分布的。L 区果园土壤重金属铬的 K-S 检验的 Sig. 值为 0.200(大于 0.05),表明其分布形态在一定范围内服从正态分布,且其分布偏度系数与其标准误的比值绝对值及峰度系数与其标准误的比值绝对值分别为 0.912 和 0.558,均小于 1.96,也表明区域内铬分布是不拒绝正态性的。S 区葡萄果园土壤重金属铬的 K-S 检验的 Sig. 值为 0.013(大于 0.01 但小于 0.05),表明其分布形态在某种程度上不服从正态分布,且其偏度系数与其标准误的比值绝对值(2.652)和峰度系数与其标准误的比值绝对值(2.976)均大于 1.96,也表明区域内铬分布是不服从正态分布的。

3.3.4 镍含量分布形态特征

由统计结果可以看出(见表 3-3-4),不同区域葡萄果园土壤重金属镍分布偏度系数不同,全市区域、H 区、L 区及 S 区葡萄果园土壤镍分布偏度系数分别为 1.582、1.646、1.719 和 1.528,均大于 0 且大于 1,表明区域内土壤镍呈比较明显的正偏态分布,即镍含量较高的点位所占比例明显低于镍含量较低的点位比例。由镍分布直方图(见图 3-3-10)可以很明显地看出不同区域果园土壤镍的分布形态。

表 3-3-4 葡萄果园土壤镍含量分布特征

区域	点位/个	分布特征				K-S 检验	
		偏度系数	偏度系数/标准误	峰度系数	峰度系数/标准误	统计量	Sig.
全市区域	40	1.582	4.232	2.106	2.874	0.180	0.002
H 区	20	1.646	3.213	1.752	1.766	0.271	0.000
L 区	14	1.719	2.877	4.281	3.709	0.213	0.083
S 区	6	1.528	1.808	2.423	1.392	0.274	0.180

不同区域葡萄果园土壤重金属镍分布峰度系数不同。全市区域、H 区、L 区及 S 区果园土壤镍分布峰度系数分别为 2.106、1.752、4.281 和 2.423,均大于 0,为陡峭峰态。由全市区域镍分布形态 Q-Q 图(见图 3-3-11)和箱式图(见图 3-3-12)也可以很明显地看出果园土壤镍含量极端值的多少及偏离情况。

由镍分布特征统计表及分布形态直方图可以看出,W 市全市区域葡萄果园土壤重金属镍的 K-S 检验的 Sig. 值为 0.002(小于 0.01),表明其分布形态不服从正态分布, 且其

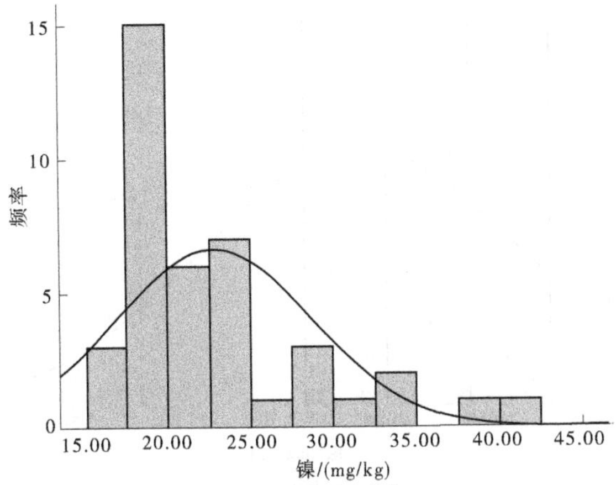

(a)全市区域

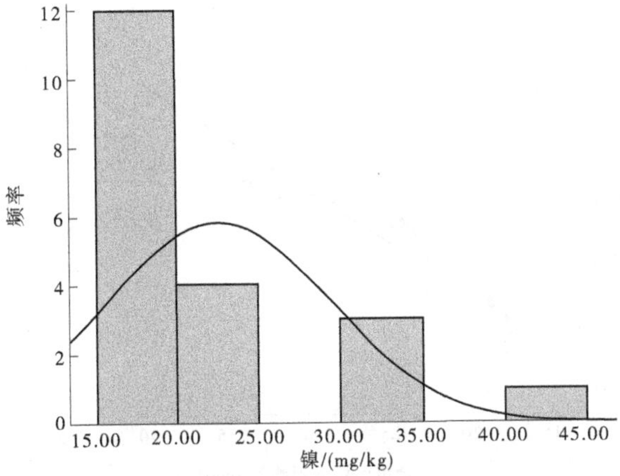

(b)H区

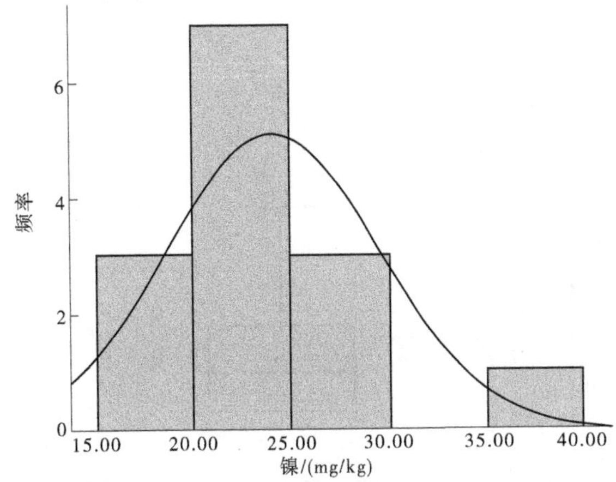

(c)L区

图 3-3-10　各区域土壤镍含量分布形态直方图

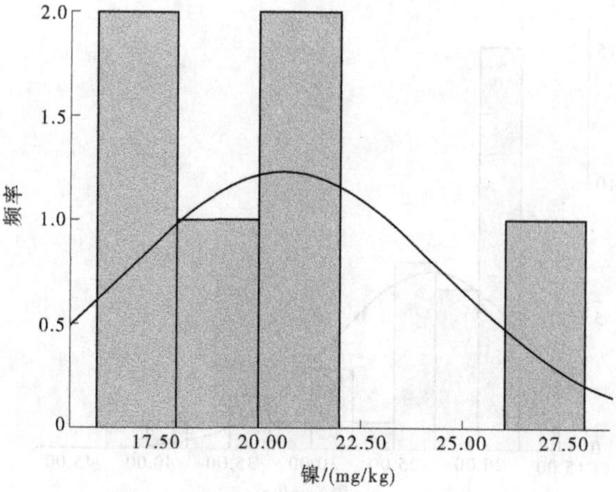

(d)S区

续图 3-3-10

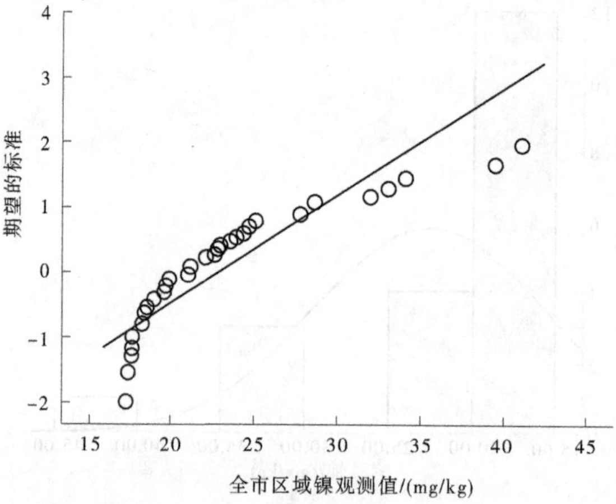

图 3-3-11　全市区域土壤镍含量分布形态 Q-Q 图

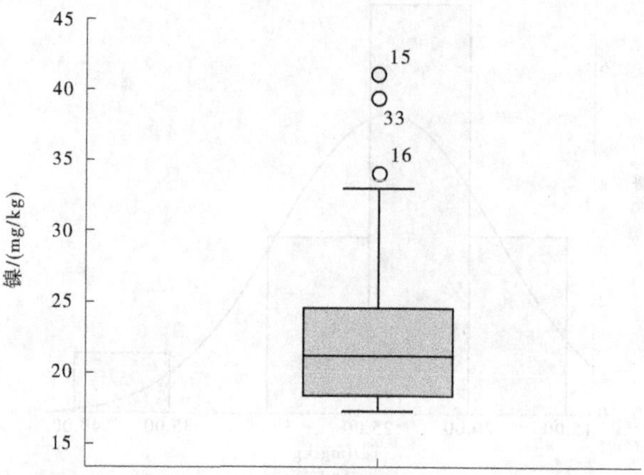

图 3-3-12　全市区域土壤镍含量分布形态箱式图

偏度系数与其标准误的比值绝对值(4.232)和峰度系数与其标准误的比值绝对值(2.874)均大于 1.96,也表明区域内镍分布是不服从正态分布的。不同区域果园土壤镍分布形态不同,其中:H 区葡萄果园土壤镍的 K-S 检验的 Sig. 值为 0.000(小于 0.01),表明其分布形态不服从正态分布,虽然峰度系数与其标准误的比值绝对值小于 1.96(1.766),但其分布偏度系数与其标准误的比值绝对值大于 1.96(3.213),也表明区域内镍分布是不服从正态分布的。L 区葡萄果园土壤重金属镍的 K-S 检验的 Sig. 值为 0.083(大于 0.05),表明其分布形态在一定范围内近似服从正态分布,但其偏度系数与其标准误的比值绝对值(2.877)和峰度系数与其标准误的比值绝对值(3.709)均大于 1.96,也表明区域内镍分布是不服从正态分布的。S 区葡萄果园土壤重金属镍的 K-S 检验的 Sig. 值为 0.180(大于 0.05),表明其分布形态在一定范围内近似服从正态分布,且其偏度系数与其标准误的比值绝对值(1.808)和峰度系数与其标准误的比值绝对值(1.392)均小于 1.96,也表明区域内镍分布是不拒绝正态分布的。

3.3.5　汞含量分布形态特征

由统计结果可以看出(见表 3-3-5),不同区域葡萄果园土壤重金属汞分布偏度系数不同,全市区域、H 区、L 区及 S 区葡萄果园土壤汞分布偏度系数分别为 0.764、1.137、0.483 和 1.952,均大于 0,表明区域内土壤汞呈正偏态分布,即汞含量较高的点位所占比例低于汞含量较低的点位比例,但 H 区和 S 区的差异要比全市区域和 L 区稍大些。由汞分布直方图(见图 3-3-13)可以很明显地看出不同区域果园土壤汞的分布形态。

表 3-3-5　葡萄果园土壤汞含量分布特征

区域	点位/个	分布特征				K-S 检验	
		偏度系数	偏度系数/标准误	峰度系数	峰度系数/标准误	统计量	Sig.
全市区域	40	0.764	2.043	-0.222	-0.303	0.126	0.109
H 区	20	1.137	2.220	0.500	0.503	0.213	0.018
L 区	14	0.483	0.808	-0.805	-0.698	0.204	0.120
S 区	6	1.952	2.309	4.032	2.316	0.309	0.076

不同区域葡萄果园土壤重金属汞分布峰度系数不同。全市区域和 L 区果园土壤汞分布峰度系数分别为-0.222 和-0.805,小于 0,为平缓峰态。而 H 区和 S 区果园土壤汞分布峰度系数分别为 0.500 和 4.032,均大于 0,为陡峭峰态。由全市区域汞分布形态 Q-Q 图(见图 3-3-14)和箱式图(见图 3-3-15)也可以很明显地看出果园土壤汞含量极端值的多少及偏离情况。

由汞分布特征统计表及分布形态直方图可以看出,W 市全市区域葡萄果园土壤重金属汞的 K-S 检验的 Sig. 值为 0.109(大于 0.05),表明其分布形态在一定范围内近似服从正态分布,虽然峰度系数与其标准误的比值绝对值小于 1.96(0.303),但其分布偏度系数

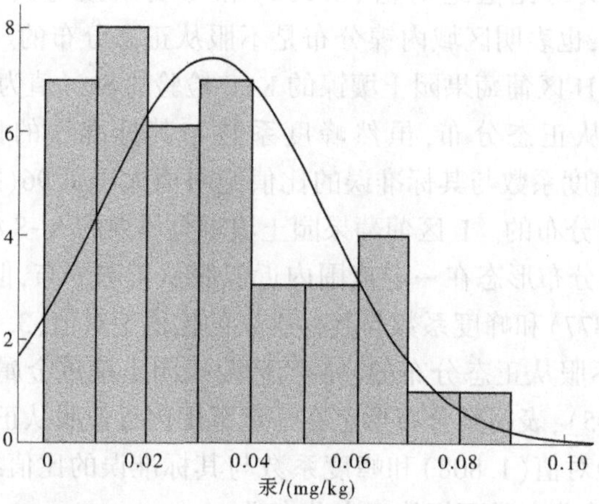

(a)全市区域

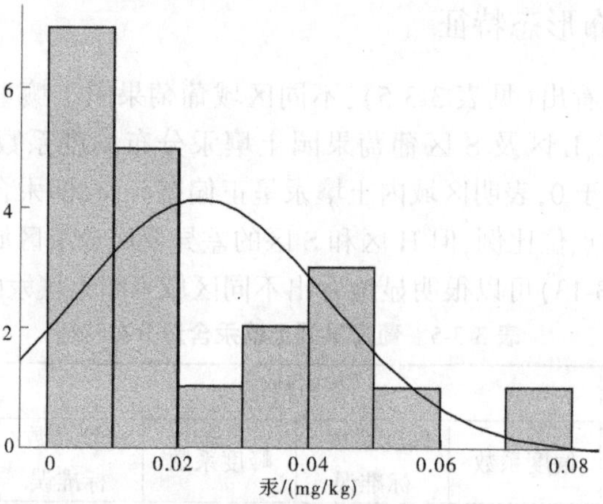

(b)H区

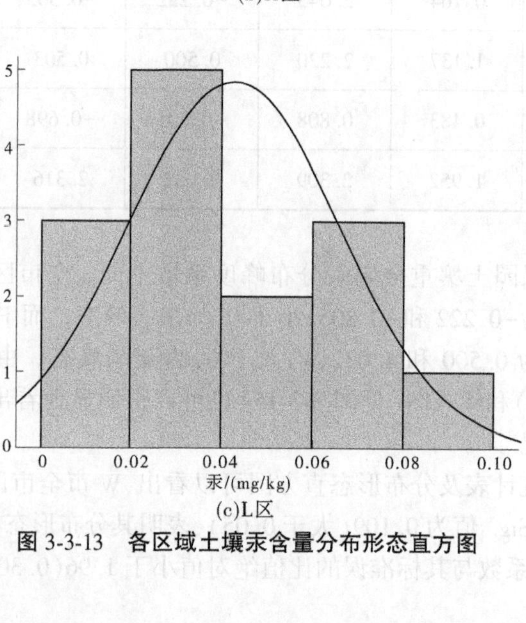

(c)L区

图 3-3-13 各区域土壤汞含量分布形态直方图

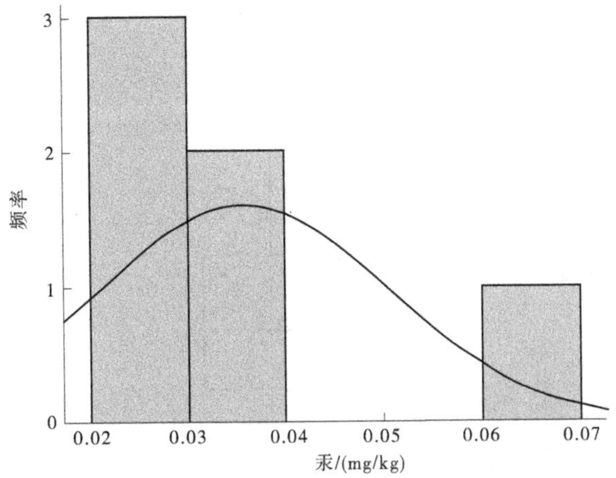

(d)S区

续图 3-3-13

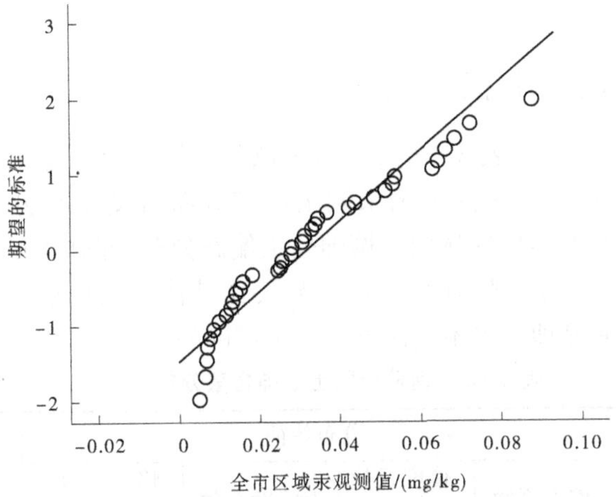

图 3-3-14　全市区域土壤汞含量分布形态 Q-Q 图

与其标准误的比值绝对值大于 1.96(2.043),也表明区域内汞分布是不服从正态分布的。不同区域果园土壤汞分布形态不同,其中:H 区葡萄果园土壤重金属汞的 K-S 检验的 Sig. 值为 0.018(大于 0.01 但小于 0.05),表明其分布形态在某种程度上不服从正态分布,虽然其峰度系数与其标准误的比值绝对值为 0.503,但其偏度系数与其标准误的比值绝对值(2.220)大于 1.96,也表明区域内汞分布是不服从正态分布的。L 区葡萄果园土壤重金属汞的 K-S 检验的 Sig. 值为 0.120(大于 0.05),表明其分布形态在一定范围内近似服从正态分布,且其分布偏度系数与其标准误的比值绝对值及峰度系数与其标准误的比值绝对值分别为 0.808 和 0.698,均小于 1.96,也表明区域内汞分布是不拒绝正态性的。S 区葡萄果园土壤重金属汞的 K-S 检验的 Sig. 值为 0.076(大于 0.05),表明其分布形态在一定范围内近似服从正态分布,但其分布偏度系数与其标准误的比值绝对值(2.309)及峰度系数与其标准误的比值绝对值(2.316)均大于 1.96,却表明区域内汞分布是不服从正态分布的,总体上 S 区果园土壤汞的分布形态是不服从正态分布的。

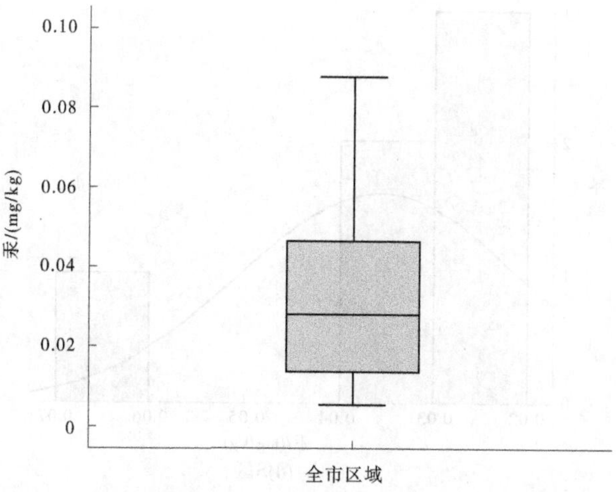

图 3-3-15 全市区域土壤汞含量分布形态箱式图

3.3.6 砷含量分布形态特征

由统计结果可以看出(见表 3-3-6),不同区域葡萄果园土壤重金属砷分布偏度系数不同,全市区域、H 区、L 区及 S 区葡萄果园土壤砷分布偏度系数分别为 1.609、0.892、1.353 和 1.066,均大于 0,表明区域内土壤砷呈正偏态分布,即砷含量较高的点位所占比例低于砷含量较低的点位比例,但 H 区的差异要比其他区域稍小些。由砷分布直方图(见图 3-3-16)可以很明显地看出不同区域果园土壤砷的分布形态。

表 3-3-6 葡萄果园土壤砷含量分布特征

区域	点位/个	分布特征				K-S 检验	
		偏度系数	偏度系数/标准误	峰度系数	峰度系数/标准误	统计量	Sig.
全市区域	40	1.609	4.304	2.428	3.314	0.199	0.000
H 区	20	0.892	1.742	0.010	0.010	0.151	0.200
L 区	14	1.353	2.265	0.396	0.343	0.275	0.005
S 区	6	1.066	1.262	-0.687	-0.395	0.312	0.070

不同区域葡萄果园土壤重金属砷分布峰度系数不同。全市区域、H 区及 L 区果园土壤砷分布峰度系数分别为 2.428、0.010 和 0.396,均大于 0,为陡峭峰态。而 S 区果园土壤砷分布峰度系数为-0.687,小于 0,为平缓峰态。由全市区域砷分布形态 Q-Q 图(见图 3-3-17)和箱式图(见图 3-3-18)也可以很明显地看出果园土壤砷含量极端值的多少及偏离情况。

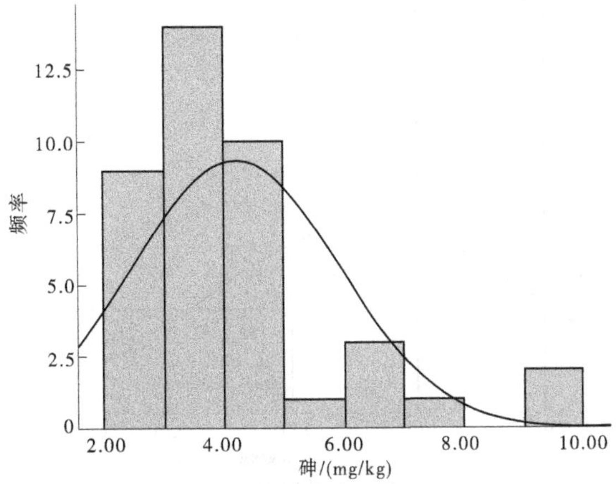

(a)全市区域

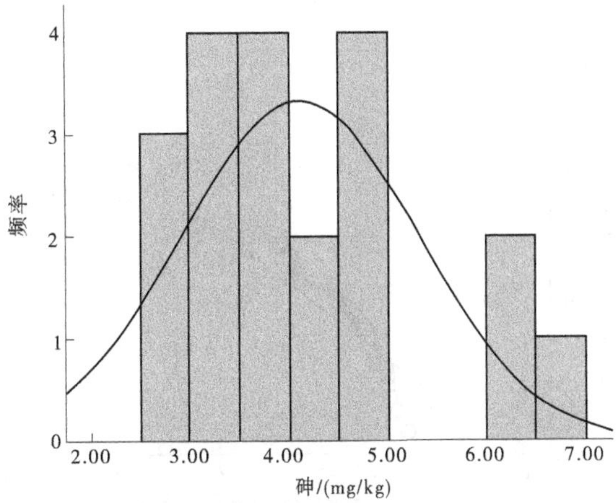

(b)H区

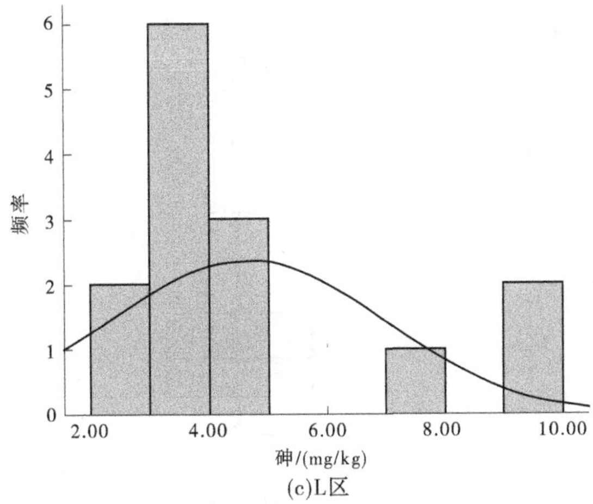

(c)L区

图 3-3-16　各区域土壤砷含量分布形态直方图

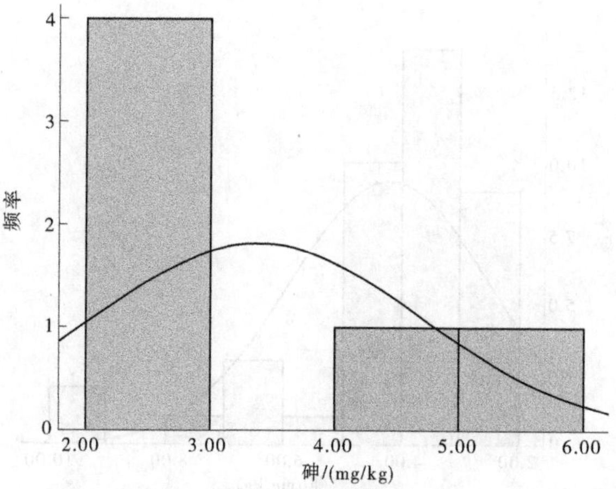

(d)S区

续图 3-3-16

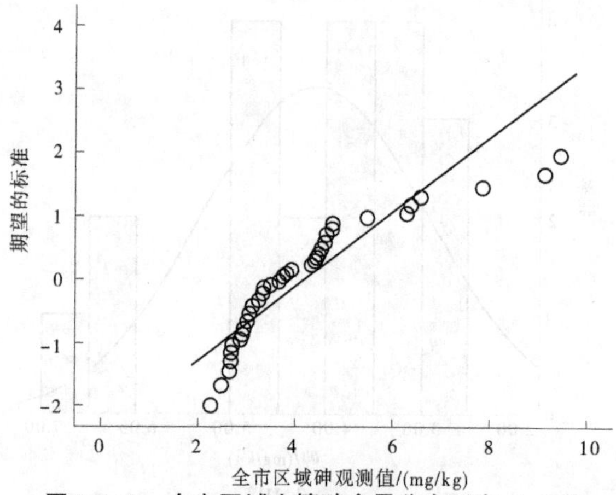

图 3-3-17　全市区域土壤砷含量分布形态 Q–Q 图

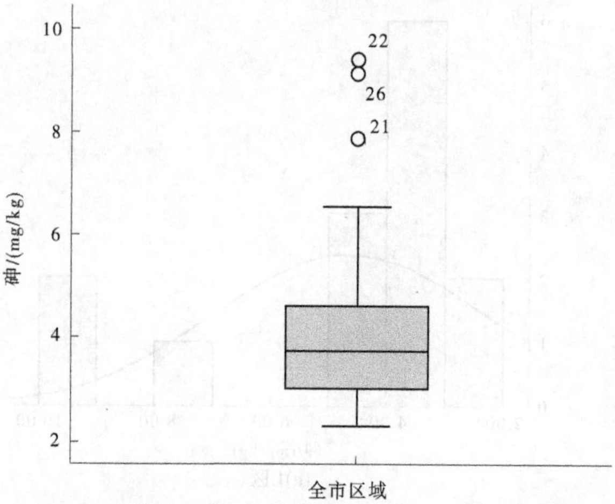

图 3-3-18　全市区域土壤砷含量分布形态箱式图

由砷分布特征统计表及分布形态直方图可以看出,W 市全市区域葡萄果园土壤重金属砷的 K-S 检验的 Sig. 值为 0.000(小于 0.01),表明其分布形态不服从正态分布,且其分布偏度系数与其标准误的比值绝对值(4.304)及峰度系数与其标准误的比值绝对值(3.314)均大于 1.96,也表明区域内砷分布是不服从正态分布的。不同区域果园土壤砷分布形态不同,其中:H 区葡萄果园土壤重金属砷的 K-S 检验的 Sig. 值为 0.200(大于 0.05),表明其分布形态在一定范围内近似服从正态分布,且其分布偏度系数与其标准误的比值绝对值及峰度系数与其标准误的比值绝对值分别为 1.742 和 0.010,均小于 1.96,也表明区域内砷分布是不拒绝正态性的。L 区葡萄果园土壤重金属砷的 K-S 检验的 Sig. 值为 0.005(小于 0.01),表明其分布形态在某种程度上不服从正态分布,虽然其峰度系数与其标准误的比值绝对值(0.343)小于 1.96,但其分布偏度系数与其标准误的比值绝对值(2.265)大于 1.96,也表明区域内砷分布是不服从正态分布的。S 区葡萄果园土壤重金属砷的 K-S 检验的 Sig. 值为 0.070(大于 0.05),表明其分布形态在一定范围内近似服从正态分布,且其分布偏度系数与其标准误的比值绝对值及峰度系数与其标准误的比值绝对值分别为 1.262 和 0.395,均小于 1.96,也表明区域内砷分布是不拒绝正态性的。

3.3.7　铜含量分布形态特征

由统计结果可以看出(见表 3-3-7),不同区域葡萄果园土壤重金属铜分布偏度系数不同,全市区域、H 区、L 区葡萄果园土壤铜分布偏度系数分别为 0.328、0.544 和 0.152,均大于 0 但小于 1,表明区域内土壤铜呈不明显的正偏态分布,即铜含量较高的点位所占比例稍低于铜含量较低的点位比例。S 区葡萄果园土壤铜分布偏度系数为-0.186,小于 0 且绝对值小于 1,表明区域内土壤铜含量呈不明显的负偏态分布,即铜含量较高的点位所占比例稍高于铜含量较低的点位比例。但由铜分布直方图(见图 3-3-19)可以很明显地看出不同区域果园土壤铜的分布形态。

表 3-3-7　葡萄果园土壤铜含量分布特征

区域	点位/个	分布特征				K-S 检验	
		偏度系数	偏度系数/标准误	峰度系数	峰度系数/标准误	统计量	Sig.
全市区域	40	0.328	0.877	-0.255	-0.349	0.106	0.200
H 区	20	0.544	1.062	0.605	0.610	0.171	0.127
L 区	14	0.152	0.254	-0.730	-0.633	0.105	0.200
S 区	6	-0.186	-0.220	-1.657	-0.952	0.194	0.200

不同区域葡萄果园土壤重金属铜分布峰度系数不同。全市区域、L 区及 S 区葡萄果园土壤铜分布峰度系数分别为-0.255、-0.730 和-1.657,均小于 0,为平缓峰态。而 H 区果园土壤铜分布峰度系数为 0.605,大于 0,为陡峭峰态。由全市区域铜分布形态 Q-Q 图(见图 3-3-20)和箱式图(见图 3-3-21)也可以很明显地看出果园土壤铜含量极端值的多少及偏离情况。

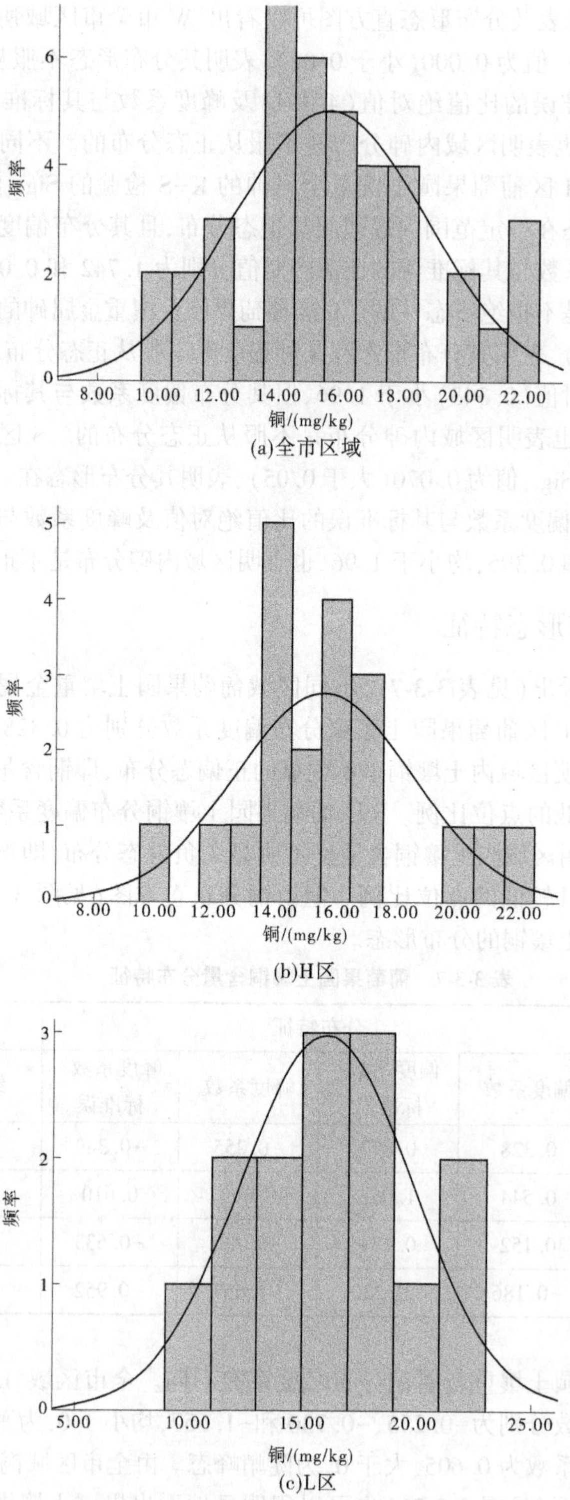

图 3-3-19　各区域土壤铜含量分布形态直方图

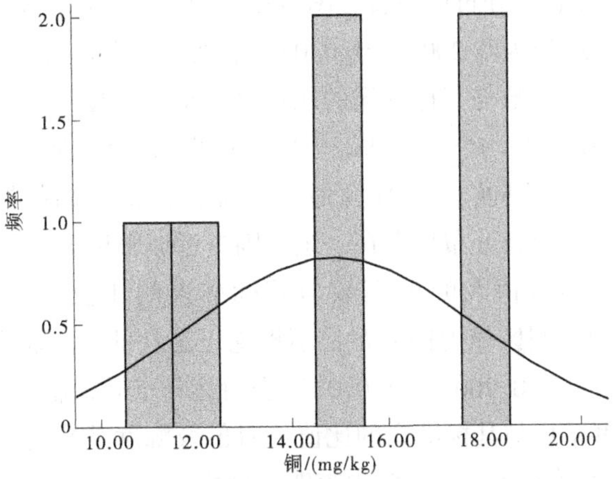

(d)S区

续图 3-3-19

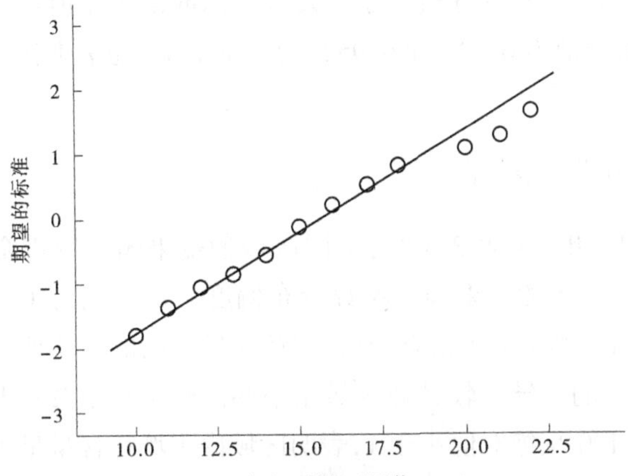

图 3-3-20　全市区域土壤铜含量分布形态 Q-Q 图

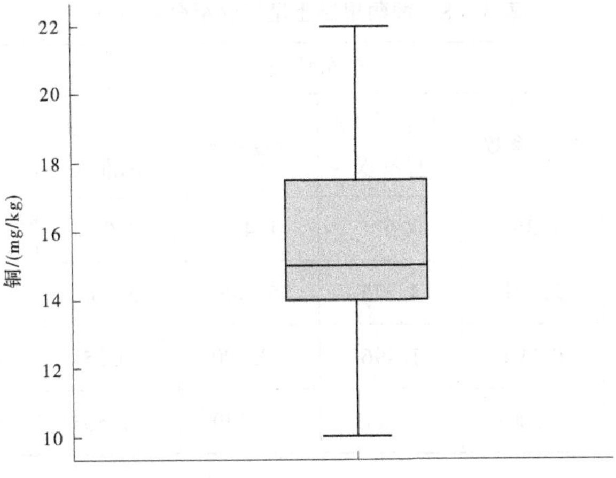

图 3-3-21　全市区域土壤铜含量分布形态箱式图

由铜分布特征统计表及分布形态直方图可以看出,W 市全市区域葡萄果园土壤重金属铜的 K-S 检验的 Sig. 值为 0.200(大于 0.05),表明其分布形态在一定范围内近似服从正态分布,且其分布偏度系数与其标准误的比值绝对值及峰度系数与其标准误的比值绝对值分别为 0.877 和 0.349,均小于 1.96,也表明区域内铜分布是不拒绝正态性的。不同区域果园土壤铜分布形态不同,其中:H 区葡萄果园土壤重金属铜的 K-S 检验的 Sig. 值为 0.127(大于 0.05),表明其分布形态在一定范围内近似服从正态分布,且其分布偏度系数与其标准误的比值绝对值及峰度系数与其标准误的比值绝对值分别为 1.062 和 0.610,均小于 1.96,也表明区域内铜分布是不拒绝正态性的。L 区葡萄果园土壤重金属铜的 K-S 检验的 Sig. 值为 0.200(大于 0.05),表明其分布形态在一定范围内近似服从正态分布,且其分布偏度系数与其标准误的比值绝对值及峰度系数与其标准误的比值绝对值分别为 0.254 和 0.633,均小于 1.96,也表明区域内铜分布是不拒绝正态性的。S 区葡萄果园土壤重金属铜的 K-S 检验的 Sig. 值为 0.200(大于 0.05),表明其分布形态在一定范围内近似服从正态分布,且其分布偏度系数与其标准误的比值绝对值及峰度系数与其标准误的比值绝对值分别为 0.220 和 0.952,均小于 1.96,也表明区域内铜分布是不拒绝正态性的。

3.3.8 锌含量分布形态特征

由统计结果可以看出(见表 3-3-8),不同区域葡萄果园土壤重金属锌分布偏度系数不同,全市区域、H 区、L 区葡萄果园土壤锌分布偏度系数分别为 1.354、2.241 和 0.894,均大于 0,表明区域内土壤锌呈正偏态分布,即锌含量较高的点位所占比例低于锌含量较低的点位比例,但 L 区的差异要较其他区域稍小些。S 区葡萄果园土壤重金属锌分布偏度系数为-0.001,小于 0 且绝对值小于 1,表明区域内土壤锌含量呈不太明显的负偏态分布,即锌含量较高的点位所占比例稍高于锌含量较低的点位比例。由锌分布直方图(见图 3-3-22)可以很明显地看出不同区域果园土壤锌的分布形态。

表 3-3-8 葡萄果园土壤锌含量分布特征

区域	点位/个	分布特征				K-S 检验	
		偏度系数	偏度系数/标准误	峰度系数	峰度系数/标准误	统计量	Sig.
全市区域	40	1.354	3.621	1.457	1.988	0.151	0.022
H 区	20	2.241	4.375	5.785	5.830	0.206	0.026
L 区	14	0.894	1.496	-0.290	-0.251	0.190	0.181
S 区	6	-0.001	-0.001	-3.139	-1.803	0.282	0.148

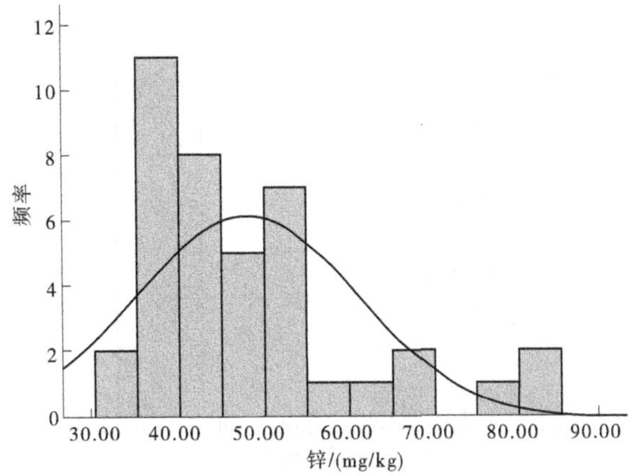

(a)全市区域

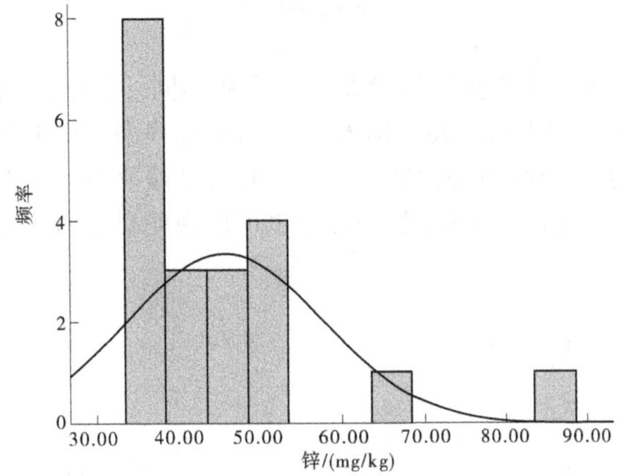

(b)H区

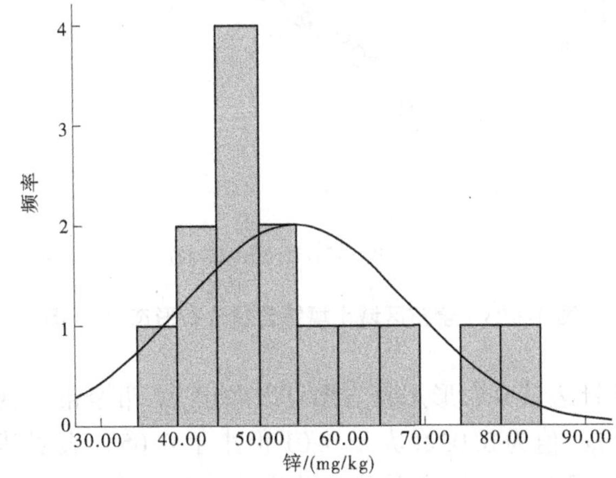

(c)L区

图 3-3-22　各区域土壤锌含量分布形态直方图

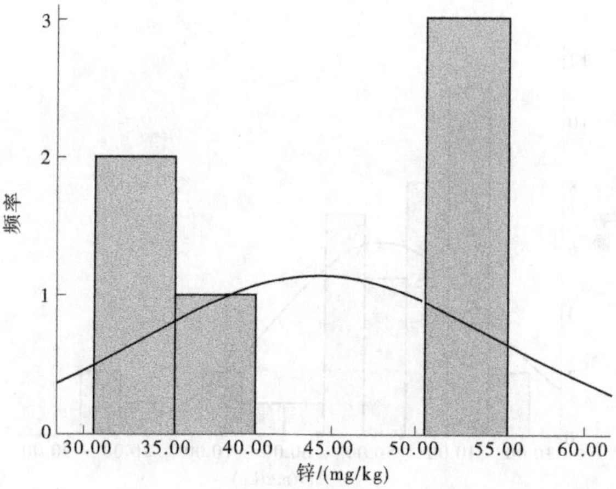

(d)S区

续图 3-3-22

不同区域葡萄果园土壤重金属锌分布峰度系数不同。全市区域及 H 区果园土壤锌分布峰度系数分别为 1. 457 和 5. 785，均大于 0，为陡峭峰态。而 L 区和 S 区果园土壤锌分布峰度系数分别为-0. 290 和-3. 139，均小于 0，为平缓峰态。由全市区域锌分布形态 Q-Q 图（见图 3-3-23）和箱式图（见图 3-3-24）也可以很明显地看出果园土壤锌含量极端值的多少及偏离情况。

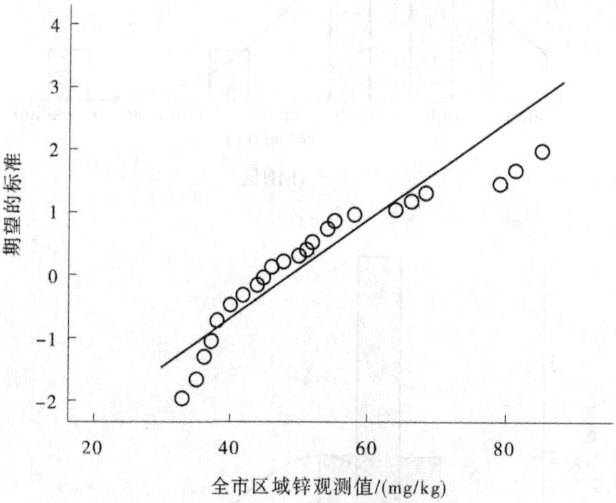

图 3-3-23　全市区域土壤锌含量分布形态 Q-Q 图

由锌分布特征统计表及分布形态直方图可以看出，W 市全市区域葡萄果园土壤重金属锌的 K-S 检验的 Sig. 值为 0. 022（大于 0. 01 但小于 0. 05），表明其分布形态在某种程度上不服从正态分布，且其分布偏度系数与其标准误的比值绝对值（3. 621）和峰度系数与其标准误的比值绝对值（1. 988）均大于 1. 96，也表明区域内锌分布是不服从正态分布

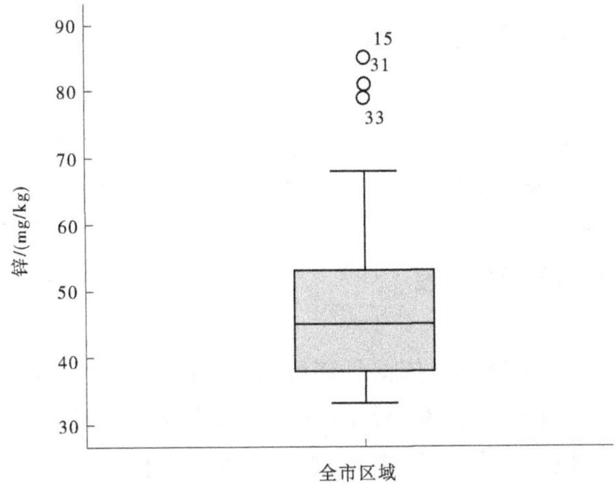

图 3-3-24　全市区域土壤锌含量分布形态箱式图

的。不同区域果园土壤锌分布形态不同，其中：H 区葡萄果园土壤重金属锌的 K-S 检验的 Sig. 值为 0.026（大于 0.01 但小于 0.05），表明其分布形态在某种程度上不服从正态分布，且其分布偏度系数与其标准误的比值绝对值（4.375）和峰度系数与其标准误的比值绝对值（5.830）均大于 1.96，也表明区域内锌分布是不服从正态分布的。L 区葡萄果园土壤重金属锌的 K-S 检验的 Sig. 值为 0.181（大于 0.05），表明其分布形态在一定范围内近似服从正态分布，且其分布偏度系数与其标准误的比值绝对值（1.496）及峰度系数与其标准误的比值绝对值（0.251）均小于 1.96，也表明区域内锌分布是不拒绝正态性的。S 区葡萄果园土壤重金属锌的 K-S 检验的 Sig. 值为 0.148（大于 0.05），表明其分布形态在一定范围内近似服从正态分布，且其分布偏度系数与其标准误的比值绝对值（0.001）及峰度系数与其标准误的比值绝对值（1.803）均小于 1.96，也表明区域内锌分布是不拒绝正态性的。

3.4　葡萄产地环境土壤中重金属污染指数评价

指数法是重金属污染的传统评价模型，是以数理统计为基础，将土壤污染程度用比较明确的界限加以区分，已在土壤重金属评价中得到了广泛的应用。本部分采用单因子污染指数法、多因子内梅罗综合污染指数法及污染负荷指数法，对 W 市葡萄果园土壤重金属污染状况进行评价。另外，重金属污染指数评价过程中，评价标准的选择非常重要，依据不同的标准可能会有不同的评价结果，因而本部分所选用的评价标准仅是以方便描述为目的，旨在为葡萄等果品产地环境评价提供方法参考，不一定具有代表性，特此说明。

3.4.1　单因子污染指数评价

虽然单因子污染指数仅适用于单一因子污染特定区域的评价，只能分别反映各个污染物的污染程度，不能全面、综合地反映土壤的污染程度，但因其计算简单，指数意义明确，在土壤重金属污染评价中也得到了广泛的应用，该法是其他环境质量指数、环境质量分级和综合评价的基础。

3.4.1.1　单因子污染指数评价过程

1. 计算单因子污染指数

单因子评价法的评价标准可以依据研究目的来选择，可以是土壤环境背景值、土壤环境本底值，也可以是相应的国家标准、行业标准，或者是国家特殊规定的标准值。本研究以内蒙古自治区河套地区表层土壤中元素背景值为评价标准（Pb，18.67 mg/kg；Cd，0.116 4 mg/kg；Cr，56.4 mg/kg；Ni，24.5 mg/kg；Hg，0.024 9 mg/kg；As，9.68 mg/kg；Cu，19.17 mg/kg；Zn，55.68 mg/kg），首先按如下公式计算单因子污染指数：

$$P_i = C_i / S_i \tag{3-4-1}$$

式中　P_i——土壤中重金属 i 的单因子污染指数；

C_i——土壤中重金属 i 的实测浓度；

S_i——重金属 i 的评价标准。

2. 计算单因子污染指数最大值

在分别采用单因子污染指数法计算后，取单因子污染指数中最大值作为评价分级依据，按如下公式进行计算：

$$P = \mathrm{Max}(P_i) \tag{3-4-2}$$

式中　P——土壤中多项重金属污染物的污染指数；

P_i——土壤中重金属 i 的单因子污染指数。

本研究以内蒙古自治区河套地区表层土壤中元素背景值为评价标准，若 $P_i(P) \leqslant 1.0$，则重金属含量在土壤背景值含量之内，土壤没有受到人为干扰；若 $P_i(P) > 1.0$，则重金属含量已超过土壤背景值，土壤已受到人为干扰，指数越大则表明土壤重金属累积程度越高。

3.4.1.2　各重金属元素单因子污染指数评价

W 市葡萄果园土壤中重金属元素单污染因子特征见表 3-4-1。可以看出，W 市葡萄果园土壤中单因子污染指数最大值范围为 1.36~3.53，平均值为 1.92，100%果园土壤点位单因子污染指数最大值大于 1。就单因子污染指数来说，W 市葡萄果园土壤中单因子污染指数范围很广，40 个葡萄果园土壤点位中，单因子污染指数范围为 0.21~3.53，平均值为 0.96。

重金属铅单因子污染指数范围为 0.45~1.06，平均值为 0.77，单因子污染指数大于 1 的果园土壤点位占比 2.5%，单因子污染指数小于 1 的果园土壤点位占比 97.5%。即 W 市葡萄果园 2.5%点位土壤重金属铅含量高于内蒙古自治区河套地区表层土壤中铅元素背景值，97.5%点位土壤重金属铅含量低于内蒙古自治区河套地区表层土壤中铅元素背景值。

表 3-4-1　单污染因子分布特征

元素	单污染因子			占比/%	
	最小值	最大值	均值	污染因子>1	污染因子≤1
铅	0.45	1.06	0.77	2.5	97.5
镉	0.56	3.13	1.63	90.0	10.0
铬	0.61	2.27	0.94	20.0	80.0
镍	0.71	1.67	0.93	25.0	75.0
汞	0.21	3.53	1.28	60.0	40.0
砷	0.23	0.97	0.43	0.0	100.0
铜	0.52	1.15	0.82	15.0	85.0
锌	0.59	1.53	0.87	17.5	82.5
单因子污染指数最大值	1.36	3.53	1.92	100.0	0.0

重金属镉单因子污染指数范围为 0.56~3.13，平均值为 1.63，单因子污染指数大于 1 的果园土壤点位占比 90.0%，单因子污染指数小于 1 的果园土壤点位占比 10.0%。即 W 市葡萄果园 90.0%点位土壤重金属镉含量高于内蒙古自治区河套地区表层土壤中镉元素背景值，10.0%点位土壤重金属镉含量低于内蒙古自治区河套地区表层土壤中镉元素背景值。

重金属铬单因子污染指数范围为 0.61~2.27，平均值为 0.94，单因子污染指数大于 1 的果园土壤点位占比 20.0%，单因子污染指数小于 1 的果园土壤点位占比 80.0%。即 W 市葡萄果园 20.0%点位土壤重金属铬含量高于内蒙古自治区河套地区表层土壤中铬元素背景值，80.0%点位土壤重金属铬含量低于内蒙古自治区河套地区表层土壤中铬元素背景值。

重金属镍单因子污染指数范围为 0.71~1.67，平均值为 0.93，单因子污染指数大于 1 的果园土壤点位占比 25.0%，单因子污染指数小于 1 的果园土壤点位占比 75.0%。即 W 市葡萄果园 25.0%点位土壤重金属镍含量高于内蒙古自治区河套地区表层土壤中镍元素背景值，75.0%点位土壤重金属镍含量低于内蒙古自治区河套地区表层土壤中镍元素背景值。

重金属汞单因子污染指数范围为 0. 21~3. 53，平均值为 1. 28，单因子污染指数大于 1 的果园土壤点位占比 60. 0%，单因子污染指数小于 1 的果园土壤点位占比 40. 0%。即 W 市葡萄果园 60. 0%点位土壤重金属汞含量高于内蒙古自治区河套地区表层土壤中汞元素背景值，40. 0%点位土壤重金属汞含量低于内蒙古自治区河套地区表层土壤中汞元素背景值。

重金属砷单因子污染指数范围为 0. 23~0. 97，平均值为 0. 43，单因子污染指数小于 1 的果园土壤点位占比 100. 0%。即 W 市葡萄果园 100%点位土壤重金属砷含量低于内蒙古自治区河套地区表层土壤中砷元素背景值。

重金属铜单因子污染指数范围为 0. 52~1. 15，平均值为 0. 82，单因子污染指数大于 1 的果园土壤点位占比 15. 0%，单因子污染指数小于 1 的果园土壤点位占比 85. 0%。即 W 市葡萄果园 15. 0%点位土壤重金属铜含量高于内蒙古自治区河套地区表层土壤中铜元素背景值，85. 0%点位土壤重金属铜含量低于内蒙古自治区河套地区表层土壤中铜元素背景值。

重金属锌单因子污染指数范围为 0. 59~1. 53，平均值为 0. 87，单因子污染指数大于 1 的果园土壤点位占比 17. 5%，单因子污染指数小于 1 的果园土壤点位占比 82. 5%。即 W 市葡萄果园 17. 5%点位土壤重金属锌含量高于内蒙古自治区河套地区表层土壤中锌元素背景值，82. 5%点位土壤重金属锌含量低于内蒙古自治区河套地区表层土壤中锌元素背景值。

3. 4. 1. 3　单因子污染指数分布

利用 SPSS 软件做箱图，更能一目了然地了解 W 市葡萄果园土壤中重金属单因子污染指数分布情况。SPSS 箱图中常常存在异常值，包括离群值和极端值，离群值是值与框的上下边界的距离在 1. 5 倍框的长度到 3 倍框的长度之间的个案（不包括 1. 5 倍，包括 3 倍），框的长度是内距（四分位距），离群值在 SPSS 输出的箱图中用圆圈标识。极端值是值与框的上下边界的距离超过 3 倍框的长度的个案（不包括 3 倍），框的长度是内距（四分位距），极端值在 SPSS 输出的箱图中用星号标识。图 3-4-1 为 W 市葡萄果园土壤中单因子污染指数分布图，可以看出，40 个葡萄果园土壤点位中，单因子污染指数异常值较多，其异常值的贡献主要来自于 Cd、Cr，其次是 Pb、As、Zn、Ni 等。

图 3-4-2 为 W 市不同区域葡萄果园土壤中单因子污染指数最大值分布图。从图 3-4-2 中可以清晰地看出各区域单因子污染指数最大值的分布范围及异常值的分布情况，W 市葡萄果园土壤中单因子污染指数最大值有 1 个异常值（离群值），H 区葡萄果园土壤中单因子污染指数最大值有 1 个异常值（离群值），L 区及 S 区较大异常值基本没有。说明从单因子污染指数评价结果来看，L 区、S 区的重金属污染相对明显，H 区重金属污染不明显。

3. 4. 2　多因子内梅罗综合污染指数评价

内梅罗综合污染指数法可以全面反映各污染物对土壤的不同作用，并突出高浓度污染物对土壤环境质量的影响，将研究区域土壤环境质量作为一个整体与外区域或历史资料进行比较，但是该方法没有考虑土壤中各种污染物对作物毒害的差别，只能反映污染的程度而难以反映污染的质变特征。

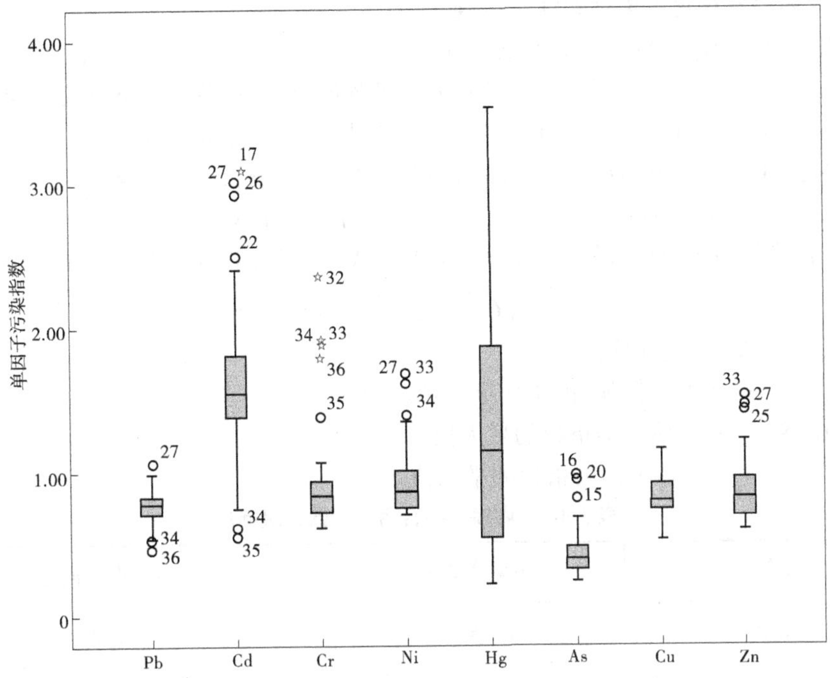

图 3-4-1　单因子污染指数分布图

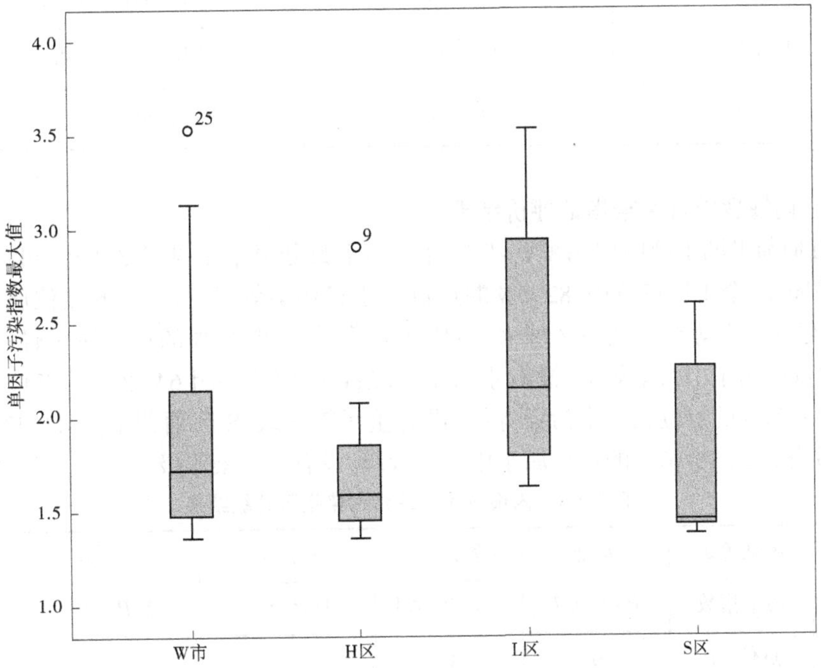

图 3-4-2　单因子污染指数最大值分布图

3.4.2.1　内梅罗综合污染指数评价过程

采用内梅罗(N. C. Nemerow)综合污染指数来综合评价 W 市葡萄果园土壤中重金属污染物的污染程度,既考虑了不同污染物的污染程度,也兼顾单个污染物的平均值和最大值。本书以内蒙古自治区河套地区表层土壤中元素背景值为评价标准(Pb,18.67 mg/kg;Cd,0.1164 mg/kg;Cr,56.4 mg/kg;Ni,24.5 mg/kg;Hg,0.0249 mg/kg;As,9.68 mg/kg;Cu,19.17 mg/kg;Zn,55.68 mg/kg),按如下公式计算内梅罗综合污染指数,并按综合因子污染指数等级分级标准(见表 3-4-2)对 W 市葡萄果园土壤进行分级评价。

$$P_{综} = \sqrt{[(C_i/S_i)^2_{max} + (C_i/S_i)^2_{ave}]/2} \qquad (3\text{-}4\text{-}3)$$

式中　$P_{综}$——综合污染指数;

C_i/S_i——土壤污染物 i 的单污染指数;

$(C_i/S_i)_{max}$——单污染指数的最大值;

$(C_i/S_i)_{ave}$——各单污染指数的平均值。

表 3-4-2　内梅罗综合污染指数分级标准

污染等级	污染指数 $P_{综}$	污染水平描述
安全	$P_{综} \leqslant 0.7$	清洁
警戒级	$0.7 < P_{综} \leqslant 1$	尚清洁
轻污染	$1 < P_{综} \leqslant 2$	作物开始受到污染
中污染	$2 < P_{综} \leqslant 3$	土壤作物均受中度污染
重污染	$P_{综} > 3$	土壤作物全部受重度污染

3.4.2.2　内梅罗综合污染指数评价结果

W 市葡萄果园土壤中内梅罗污染综合污染指数分级结果见表 3-4-3。可以看出,W 市葡萄果园 40 个土壤点位中,82.5%的点位属于轻污染等级,17.5%的点位属于中污染等级,没有重污染等级。就各区域来说:H 区葡萄果园 95.00%的点位属于轻污染等级,5.00%的点位属于中污染等级,没有重污染等级;L 区葡萄果园 64.29%的点位属于轻污染等级,35.71%的点位属于中污染等级,没有重污染等级;S 区葡萄果园 83.33%的点位属于轻污染等级,16.67%的点位属于中污染等级,没有重污染等级。

表 3-4-3　内梅罗污染综合污染指数分级结果

分级标准	污染等级	安全	警戒级	轻污染	中污染	重污染
	污染指数	$P_{综} \leqslant 0.7$	$0.7 < P_{综} \leqslant 1$	$1 < P_{综} \leqslant 2$	$2 < P_{综} \leqslant 3$	$P_{综} > 3$
全市区域	点位/个	0	0	33	7	0
	占比/%	0.0	0.0	82.5	17.5	0.0

续表 3-4-3

分级标准	污染等级	安全	警戒级	轻污染	中污染	重污染
	污染指数	$P_{综} \leqslant 0.7$	$0.7<P_{综} \leqslant 1$	$1<P_{综} \leqslant 2$	$2<P_{综} \leqslant 3$	$P_{综}>3$
H 区	点位/个	0	0	19	1	0
	占比/%	0.00	0.00	95.00	5.00	0.00
L 区	点位/个	0	0	9	5	0
	占比/%	0.00	0.00	64.29	35.71	0.00
S 区	点位/个	0	0	5	1	0
	占比/%	0.00	0.00	83.33	16.67	0.00

3.4.2.3　内梅罗综合污染指数分布

图 3-4-3 为 W 市葡萄果园土壤中内梅罗综合污染指数分布图。从图 3-4-3 中可以清晰地看出各乡镇内梅罗综合污染指数的分布范围及异常值的分布情况。在 W 市不同区域葡萄果园土壤中,内梅罗综合污染指数大于 2.0 的点位主要分布于 L 区。就内梅罗综合污染指数评价结果来看,W 市不同区域葡萄果园土壤中,L 区污染水平相对较高,其余区域污染水平均较低。

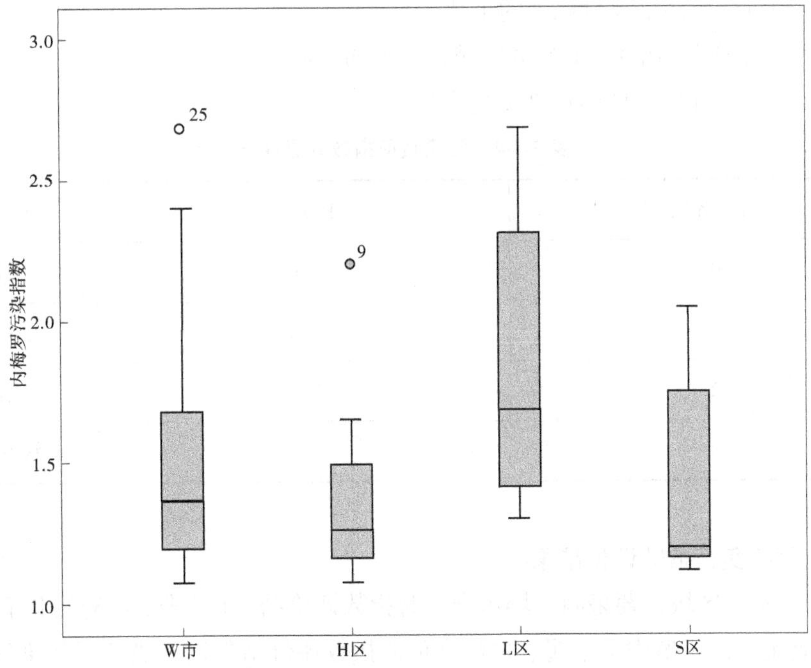

图 3-4-3　内梅罗综合污染指数分布图

3.4.3 污染负荷指数评价

污染负荷指数由评价区域所包含的多种重金属成分共同构成,能直观地反映各个重金属对污染的贡献程度,以及重金属在时间、空间上的变化趋势,应用相对比较方便。

3.4.3.1 污染负荷指数评价过程

本书以内蒙古自治区河套地区表层土壤中元素背景值为评价标准(Pb,18.67 mg/kg;Cd,0.116 4 mg/kg;Cr,56.4 mg/kg;Ni,24.5 mg/kg;Hg,0.024 9 mg/kg;As,9.68 mg/kg;Cu,19.17 mg/kg;Zn,55.68 mg/kg),利用重金属污染负荷指数法 W 市葡萄果园土壤中重金属污染状况进行评价,并采用表 3-4-4 的分级标准来进行分级与描述,评价模式为:

$$CF_i = C_i / C_{0i} \tag{3-4-4}$$

$$PLI = \sqrt[n]{CF_1 \cdot CF_2 \cdot CF_3 \cdot \cdots \cdot CF_n} \tag{3-4-5}$$

$$PLI_{zone} = \sqrt[n]{PLI_1 \cdot PLI_2 \cdot PLI_3 \cdot \cdots \cdot PLI_m} \tag{3-4-6}$$

式中 CF_i——重金属元素 i 的污染系数;

C_i——重金属元素 i 的实测含量;

C_{0i}——重金属元素 i 的评价标准,即背景值;

PLI——某点的污染负荷指数;

n——重金属污染评价元素的个数;

m——评价点的个数,即研究区域采样点的个数;

PLI_{zone}——评价区域的污染负荷指数。

表 3-4-4 污染负荷指数分级标准

污染等级	PLI 值	污染描述
0	<1	无污染
1	1~2	中等污染
2	2~3	强污染
3	≥3	极强污染

3.4.3.2 污染负荷指数评价结果

由 W 市不同区域葡萄果园土壤污染负荷指数评价结果(见表 3-4-5)可以看出,W 市不同区域葡萄果园土壤中重金属点位污染负荷指数评价结果以 0 级即无污染等级为主,无污染等级占比 82.50%,中等污染等级占比 17.50%,没有强污染等级点位及极强污染等级点位。区域污染负荷指数(PLI_{zone})范围为 0.83~0.96,即就评价区域综合情况来看所有区域均处于无污染水平。具体情况如下:

表 3-4-5　污染负荷指数法评价结果

污染负荷指数	各等级占比/%				区域评价	
	PLI≤1	1<PLI≤2	2<PLI≤3	PLI>3	PLI_{zone}	等级
污染等级	0	1	2	3		
污染程度描述	无污染	中等污染	强污染	极强污染		
全市区域	82.50	17.50	0.00	0.00	0.84	无污染
H 区	95.00	5.00	0.00	0.00	0.77	无污染
L 区	64.29	35.71	0.00	0.00	0.96	无污染
S 区	83.33	16.67	0.00	0.00	0.83	无污染

H 区葡萄果园土壤中重金属点位污染负荷指数评价以 0 级即无污染等级为主，无污染等级占比 95.00%，中等污染等级占比 5.00%，没有强污染等级点位及极强污染等级点位。区域污染负荷指数（PLI_{zone}）范围为 0.77，即就评价区域综合情况来看所有区域均处于无污染水平。

L 区葡萄果园土壤中重金属点位污染负荷指数评价以 0 级即无污染等级为主，无污染等级占比 64.29%，中等污染等级占比 35.71%，没有强污染等级点位及极强污染等级点位。区域污染负荷指数（PLI_{zone}）范围为 0.96，即就评价区域综合情况来看所有区域均处于无污染水平。

S 区葡萄果园土壤中重金属点位污染负荷指数评价以 0 级即无污染等级为主，无污染等级占比 83.33%，中等污染等级占比 16.67%，没有强污染等级点位及极强污染等级点位。区域污染负荷指数（PLI_{zone}）范围为 0.83，即就评价区域综合情况来看所有区域均处于无污染水平。

3.4.3.3　污染负荷指数分布

图 3-4-4 为 W 市不同区域葡萄果园土壤中污染负荷指数分布图。从图 3-4-4 中也可以清晰地看出不同区域重金属污染负荷指数分布范围情况。果园土壤负荷污染指数大于 1 的点位主要分布在 L 区，H 区和 S 区也有零星分布。就异常值分布来说，W 市葡萄果园土壤中污染负荷指数有 2 个异常值（离群值），H 区和 S 区葡萄果园土壤中污染负荷指数各有 1 个异常值（离群值），L 区没有异常值存在。可见就重金属污染负荷指数评价结果来看，W 市葡萄果园土壤中，L 区污染水平稍高于 H 区和 S 区，但总体处于无污染水平。

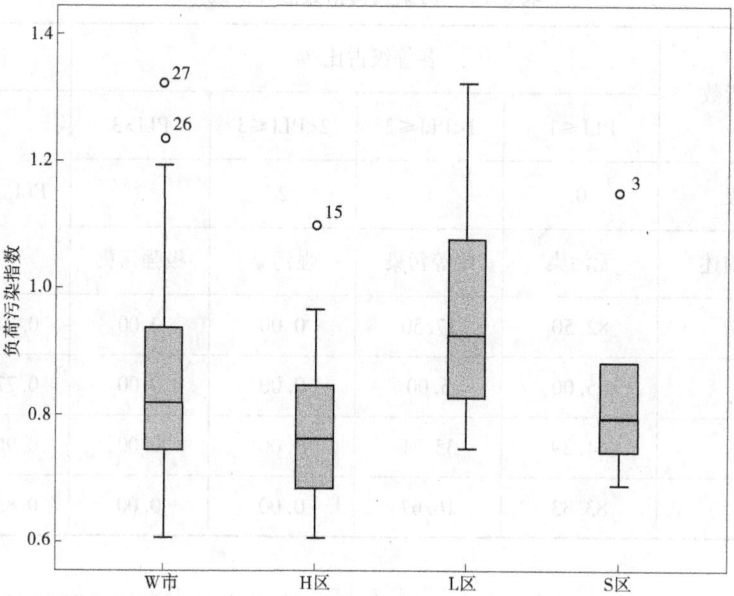

图 3-4-4 污染负荷指数分布图

3.5 基于相关性的葡萄产地环境土壤重金属污染物源解析

本部分主要通过相关性分析的方法，以 W 市为实例来分析葡萄果园土壤中不同重金属之间的相关程度，探讨葡萄果园土壤中可能有共同来源的重金属，进而分析污染产生的原因，从而为相关部门的环境预防及整治措施提供理论依据。相关分析是研究现象之间是否存在某种依存关系，并对具体有依存关系的现象探讨其相关方向以及相关程度，是研究随机变量之间的相关关系的一种统计方法，相关系数 r 是用以反映变量之间相关性关系密切程度的统计指标，当相关系数绝对值的值越来越大而向 1 靠拢时，表明两者的相关程度越来越密切，当相关系数绝对值的值越来越小而向 0 靠拢时，表明两者的相关程度越来越微弱。因此，可以通过计算相关系数，来判断任意两种重金属元素之间的相关性关系，通常情况下，$|r|<0.3$ 表示微弱相关，$0.3\leq|r|<0.5$ 表示低度相关，$0.5\leq|r|<0.8$ 表示显著相关，$0.8\leq|r|<1$ 表示高度相关。各采样点位之间的重金属的相关性受相应的自然环境及人为因素的影响，其数值大小又表明各点位重金属之间分布的相似程度，在同一区域，土壤中的各种重金属存在不同的质量比，若重金属之间存在相关性，则有可能有相似的污染来源。

3.5.1 重金属间的相关性

运用 SPSS 软件对 W 市葡萄果园土壤中重金属元素含量间进行相关性分析，不同区域果园土壤中 8 种重金属污染物间的 Pearson 相关系数矩阵见表 3-5-1～表 3-5-4。

表 3-5-1 W 市全市区域葡萄果园土壤重金属相关系数矩阵

元素	Cd	Hg	As	Pb	Cr	Cu	Ni	Zn
Cd	1							
Hg	0. 275	1						
As	0. 159	-0. 226	1					
Pb	0. 918**	0. 304	0. 160	1				
Cr	-0. 321*	0. 284	-0. 195	-0. 408**	1			
Cu	0. 292	0. 494**	-0. 033	0. 201	0. 288	1		
Ni	0. 092	0. 561**	-0. 046	-0. 019	0. 621**	0. 582**	1	
Zn	0. 292	0. 654**	-0. 041	0. 179	0. 547**	0. 700**	0. 770**	1

注:"**"双尾检验 0. 01 水平(双侧)上显著相关;"*"双尾检验 0. 05 水平(双侧)上显著相关。

由表 3-5-1 可以看出,W 市全市区域葡萄果园土壤中,Cd 与 Pb 在极显著水平下呈高度正相关,相关系数为 r(Cd,Pb)= 0. 918;Ni 与 Hg、Cr、Cu,Zn 与 Hg、Cr、Cu、Ni 在极显著水平下呈显著正相关,相关系数分别为 r(Ni,Hg)= 0. 561、r(Ni,Cr)= 0. 621、r(Ni,Cu)= 0. 582、r(Zn,Hg)= 0. 654、r(Zn,Cr)= 0. 547、r(Zn,Cu)= 0. 700、r(Zn,Ni)= 0. 770;Cu 与 Hg 在极显著水平下呈低度正相关,r(Cu,Hg)= 0. 494;Cr 与 Pb 在极显著水平下呈低度负相关,r(Cu,Hg)= -0. 408;Cr 与 Cd 在显著水平下呈低度负相关,r(Cr,Cd)= -0. 321;其余元素间相关程度相对较低。

表 3-5-2 H 区葡萄果园土壤重金属相关系数矩阵

元素	Cd	Hg	As	Pb	Cr	Cu	Ni	Zn
Cd	1							
Hg	-0. 553*	1						
As	0. 533*	-0. 264	1					
Pb	0. 918**	-0. 400	0. 439	1				
Cr	-0. 830**	0. 546*	-0. 176	-0. 866**	1			
Cu	-0. 078	0. 228	0. 328	-0. 202	0. 359	1		
Ni	-0. 778**	0. 589**	-0. 052	-0. 787**	0. 959**	0. 448*	1	
Zn	-0. 582**	0. 525*	-0. 096	-0. 624**	0. 796**	0. 458*	0. 820**	1

注:"**"双尾检验 0. 01 水平(双侧)上显著相关;"*"双尾检验 0. 05 水平(双侧)上显著相关。

由表 3-5-2 可以看出,H 区葡萄果园土壤中,Pb 与 Cd,Ni 与 Cr、Zn 在极显著水平下呈高度正相关,相关系数分别为 r(Pb,Cd)= 0. 918、r(Ni,Cr)= 0. 959、r(Ni,Zn)= 0. 820;Cr 与 Cd、Pb,在极显著水平下呈高度负相关,相关系数分别为 r(Cr,Cd)= -0. 830、r(Cr,Pb)= -0. 866;As 与 Cd,Cr 与 Hg,Ni 与 Hg,Zn 与 Hg、Cr 在极显著水平下呈显著正相关,相关系数分别为 r(As,Cd)= 0. 533、r(Cr,Hg)= 0. 546、r(Ni,Hg)= 0. 589、r(Zn,Hg)= 0. 525、r(Zn, Cr)= 0. 796;Hg 与 Cd,Ni 与 Cd、Pb,Zn 与 Cd、Pb 在极显著水平下呈显著负相关,

相关系数分别为 r(Hg,Cd) = −0.553、r(Ni,Cd) = −0.778、r(Ni,Pb) = −0.787、r(Zn,Cd) = −0.582、r(Zn,Pb) = −0.624；Ni 与 Cu、Zn 与 Cu 在显著水平下呈低度正相关，r(Cu,Ni) = 0.448、r(Cu, Zn) = 0.458；其余元素间相关程度相对较低。

表 3-5-3　L 区葡萄果园土壤重金属相关系数矩阵

元素	Cd	Hg	As	Pb	Cr	Cu	Ni	Zn
Cd	1							
Hg	0.407	1						
As	−0.303	−0.489	1					
Pb	0.947**	0.493	−0.288	1				
Cr	0.740**	0.615*	−0.425	0.787**	1			
Cu	0.590*	0.834**	−0.446	0.685**	0.788**	1		
Ni	0.769**	0.568*	−0.316	0.877**	0.818**	0.799**	1	
Zn	0.647*	0.802**	−0.279	0.713**	0.744**	0.937**	0.791**	1

注："**"双尾检验 0.01 水平（双侧）上显著相关；"*"双尾检验 0.05 水平（双侧）上显著相关。

由表 3-5-3 可以看出，L 区葡萄果园土壤中，Pb 与 Cd，Cu 与 Hg，Ni 与 Pb、Cr，Zn 与 Hg、Cu 在极显著水平下呈高度正相关，相关系数分别为 r(Pb,Cd) = 0.947、r(Cu,Hg) = 0.834、r(Ni,Pb) = 0.877、r(Ni,Cr) = 0.818、r(Zn,Hg) = 0.802、r(Zn,Cu) = 0.937；Cr 与 Cd、Pb，Cu 与 Pb、Cr，Ni 与 Cd、Cu，Zn 与 Pb、Cr、Ni 在极显著水平下呈显著正相关，相关系数分别为 r(Cr,Cd) = 0.740、r(Cr,Pb) = 0.787、r(Cu,Pb) = 0.685、r(Cu,Cr) = 0.788、r(Ni,Cd) = 0.769、r(Ni,Cu) = 0.799、r(Zn,Pb) = 0.713、r(Zn,Cr) = 0.744、r(Zn,Ni) = 0.791；Cr 与 Hg，Cu 与 Cd，Ni 与 Hg，Zn 与 Cd 在显著水平下呈显著正相关，相关系数分别为 r(Cr,Hg) = 0.615、r(Cu,Cd) = 0.590、r(Ni,Hg) = 0.568、r(Zn,Cd) = 0.647；其余元素间相关程度相对较低。

表 3-5-4　S 区葡萄果园土壤重金属相关系数矩阵

元素	Cd	Hg	As	Pb	Cr	Cu	Ni	Zn
Cd	1							
Hg	0.887*	1						
As	0.867*	0.709	1					
Pb	0.895*	0.744	0.801	1				
Cr	−0.290	−0.219	−0.200	−0.293	1			
Cu	0.564	0.455	0.856*	0.399	0.123	1		
Ni	0.982**	0.801	0.883*	0.925**	−0.222	0.582	1	
Zn	0.398	0.321	0.665	0.373	0.573	0.834*	0.469	1

注："**"双尾检验 0.01 水平（双侧）上显著相关；"*"双尾检验 0.05 水平（双侧）上显著相关。

由表 3-5-4 可以看出,S 区葡萄果园土壤中,Ni 与 Cd、Pb 在极显著水平下呈高度正相关,相关系数分别为 r(Ni,Cd)= 0.982、r(Ni,Pb)= 0.925;Hg 与 Cd,As 与 Cd,Pb 与 Cd,Cu 与 As,Ni 与 As,Zn 与 Cu 在显著水平下呈高度正相关,相关系数分别为 r(Hg,Cd)= 0.887、r(As,Cd)= 0.867、r(Pb,Cd)= 0.895、r(Cu,As)= 0.856、r(Ni,As)= 0.883、r(Zn,Cu)= 0.834;Pb 与 As,Ni 与 Hg 呈高度正相关,但均不显著,相关系数分别为 r(Pb,As)= 0.801、r(Ni,Hg)= 0.801;As 与 Hg,Pb 与 Hg,Cu 与 Cd,Ni 与 Cu,Zn 与 As、Cr 呈显著正相关,但差异不显著,相关系数分别为 r(As,Hg)= 0.709、r(Pb,Hg)= 0.744、r(Cu,Cd)= 0.564、r(Ni,Cu)= 0.582、r(Zn,As)= 0.665、r(Zn,Cr)= 0.573;其余元素间相关程度相对较低。

3.5.2　重金属相关性特征

(1)Cd 与 Pb、Zn 与 Cu 和 Hg 以及 Ni 与 Pb、Cr、Zn、Cd 之间相关性非常高。

由不同区域葡萄果园土壤重金属间相关性分析结果可以看出,W 市葡萄果园土壤中重金属 Cd 与 Pb、Zn 与 Cu 和 Hg 以及 Ni 与 Pb、Cr、Zn 之间相关性非常高。如 Cd 与 Pb 在极显著水平下呈高度正相关,相关系数范围为 0.895~0.947,且无论是在 W 市全市区域还是在各不同区域均表现一致。Ni 与 Pb、Cr、Zn、Cd 之间在部分区域表现出在极显著水平下呈高度正相关,相关系数范围为 0.818~0.982,Zn 与 Cu 和 Hg 之间在部分区域表现出在极显著水平下呈高度正相关,相关系数范围为 0.802~0.937。

(2)Cd 与 Hg 及 Cd、Cu、Ni 之间相关性较高。

W 市葡萄果园土壤中重金属 Cd 与 Hg 及 Cd、Cu、Ni 之间相关性较高,在部分区域表现出在显著水平下呈高度正相关,相关系数范围为 0.856~0.887。

(3)Cr 与 Cd、Pb 之间相关性较高,但为负相关。

W 市葡萄果园土壤中重金属 Cr 与 Cd 及 Cr 与 Pb 之间负相关,在部分区域表现出在显著或极显著水平下的高度负相关,相关系数分别为 0.830 和 0.866。

(4)其余元素之间相关性一般。

W 市葡萄果园土壤中重金属 Hg 与 Ni 及 As 与 Pb 之间虽然在部分区域表现出高度正相关,相关系数为 0.801,但均为非显著水平,而其他元素间在各区域均达不到高度相关水平。

3.5.3　基于相关性的重金属污染物源解析

在自然界中重金属元素并不是单独存在的,往往会伴生着少量其他重金属元素,在矿产资源开采和冶炼过程中,由于矿石开采、矿料运输、尾矿库废渣、渗滤液及冶炼厂、随意堆放的废石废渣等,这些重金属及其伴生金属会对周围环境造成污染。如果重金属之间具有较高的相关性,则说明这几种重金属在迁移转化过程中具有相同的来源,重金属之间相互依存,迁移转化机制相似,相反的,如果重金属之间的相关性低,则表明这些重金属元素不只受到单一因素的影响,而是受到地球化学行为及其本身性质的综合影响。通过对几种重金属元素含量的相关性分析(见表 3-5-5),比较其之间的相关关系,可以推测出几种重金属的来源是否相同,通常认为如果两种重金属高度线性相关,则很可能来自同一污染源，这一污染源可能是天然源，也可能是工业生产或人类活动等所致。因而，在进行土壤重金属污染物评价时，各采样点位之间的重金属含量及其相关性受相应的自然环境及人为因素的影响，重金属元素含量间的相关系数大小表明各点位重金属之间分布的相似程度，在同一区域，土壤中的各种重金属存在不同的质量比，若重金属之间存在相关性，则有可能有相似的污染来源。

表 3-5-5　重金属相关性

重金属	相关程度及相关系数		
	高度相关	显著相关	低度或微弱相关
Cd-Pb	全市区域(0.918**)、H 区(0.918**)、L 区(0.947**) S 区(0.895*)		
Pb-Ni	L 区(0.877**)、S 区(0.925**)	H 区(-0.787**)	全市区域
Cr-Ni	H 区(0.959**)、L 区(0.818**)	全市区域(0.621**)	S 区
Ni-Zn	H 区(0.820**)	全市区域(0.770**) L 区(0.791*)	S 区
Cu-Zn	L 区(0.937**)、S 区(0.834*)	全市区域(0.700**)	H 区
Hg-Zn	L 区(0.802**)	全市区域(0.654**) H 区(0.525*)	S 区
Cd-Ni	S 区(0.982**)	H 区(-0.778**) L 区(0.769**)	全市区域
Hg-Cu	L 区(0.834**)		全市区域、H 区、S 区
Cd-Cr	H 区(-0.830*)	L 区(0.740**)	全市区域、S 区
Pb-Cr	H 区(-0.866**)	L 区(0.787**)	全市区域、S 区
Cd-Hg	S 区(0.887*)	H 区(0.553*)	全市区域、L 区
Cd-As	S 区(0.867*)	H 区(0.533*)	全市区域、L 区
As-Cu	S 区(0.856*)		全市区域、H 区、L 区
As-Ni	S 区(0.883*)		全市区域、H 区、L 区
Hg-Ni	S 区(0.801)	全市区域(0.561**) H 区(0.589**) L 区(0.568*)	

续表 3-5-5

重金属	相关程度及相关系数		
	高度相关	显著相关	低度或微弱相关
As-Pb	S 区(0.801)		全市区域、H 区、L 区
As-Zn		S 区(0.665)	全市区域、H 区、L 区
Cd-Cu		L 区(0.590*) S 区(0.564)	全市区域、H 区
Cd-Zn		H 区(-0.582**) L 区(0.647*)	全市区域、S 区
Hg-Pb		S 区(0.744)	全市区域、H 区、L 区
Hg-Cr		H 区(0.546*) L 区(0.615*)	全市区域、S 区
As-Cr			全市区域、H 区、 L 区、S 区
Pb-Cu		L 区(0.685**)	全市区域、H 区、S 区
Pb-Zn		H 区(-0.625**) L 区(0.713**)	全市区域、S 区
Cr-Cu		L 区(0.788**)	全市区域、H 区、S 区
Cr-Zn		全市区域(0.547**) H 区(0.796**) L 区(0.744**) S 区(0.573)	
Cu-Ni		全市区域(0.582**) L 区(0.799**) S 区(0.582)	H 区

在 W 市葡萄果园土壤评价的 8 种重金属元素中,Cd 与 Pb、Zn 与 Cu 和 Hg 以及 Ni 与 Pb、Cr、Zn、Cd 之间相关性非常高,说明在土壤中这几种元素间的地球化学性质相近,在相同或相似的外界条件下其变化趋势基本一致,重金属来源相同。

3.6　葡萄产地环境土壤污染风险分类评价

《土壤环境质量 农用地土壤污染风险管控标准(试行)》(GB 15618—2018),是目前我国现行有效的农业用地土壤环境质量评价标准,简称《农用地标准》。按照《农用地标准》的要求,以 W 市为例,以葡萄果园土壤中 Pb、Cd、Hg、As、Cr、Ni、Cu、Zn 等重金属为评价参数,来探讨葡萄果园土壤环境质量风险分类评价方法。首先按单项污染物(8个元素)来划分评价单元类别,取最严格的单元类别作为该评价单元的类别,从而判断评价单元土壤环境质量类别,指出果园土壤存在的主要污染因子,分析各等级土壤的区域分布状况,并给出果园土壤合理利用及安全生产建议。

3.6.1 评价过程

3.6.1.1 评价依据

依据《农用地标准》,对W市葡萄产地环境土壤进行分类评价。

3.6.1.2 评价指标

包括铜、锌、铅、镉、铬、镍、汞、砷等无机污染物,共8项基本评价指标。

3.6.1.3 评价标准值

采用《农用地标准》中的污染物风险筛选值和管制值作为评价标准,具体评价指标标准值的选择需考虑不同的pH值分区以及果园的用地类型。具体评价指标标准值见表3-6-1、表3-6-2。

表3-6-1 土壤污染风险筛选值

(按《农用地标准》)

污染物	不同酸碱度条件下的风险筛选值/(mg/kg)			
	pH≤5.5	5.5<pH≤6.5	6.5<pH≤7.5	pH>7.5
镉	0.3	0.3	0.3	0.6
汞	1.3	1.8	2.4	3.4
砷	40	40	30	25
铅	70	90	120	170
铬	150	150	200	250
铜	150	150	200	200
镍	60	70	100	190
锌	200	200	250	300

表3-6-2 土壤污染风险管制值

(按《农用地标准》)

污染物	不同酸碱度条件下的风险管制值/(mg/kg)			
	pH≤5.5	5.5<pH≤6.5	6.5<pH≤7.5	pH>7.5
镉	1.5	2.0	3.0	4.0
汞	2.0	2.5	4.0	6.0
砷	200	150	120	100
铅	400	500	700	1 000
铬	800	850	1 000	1 300

3.6.1.4　分类方法

《农用地土壤环境质量类别划分技术指南(试行)》从保护农产品质量安全角度,依据《土壤环境质量 农用地土壤污染风险管控标准(试行)》(GB 15618—2018)和《食品安全国家标准 食品中污染物限量》(GB 2762—2017)中关于农产品重金属污染物指标的规定,选择镉、汞、砷、铅、铬 5 种重金属划分评价单元类别。划分土壤评价单元类别,步骤如下:

首先按单项污染物划分评价单元类别。根据《农用地标准》对评价单元内各点位土壤的各项污染物逐一分类,可分为三类:低于(或等于)筛选值(A 类),介于筛选值和管制值之间(B 类),高于(或等于)管制值(C 类)。再根据各单项污染物分别判定该污染物代表的评价单元类别,分为优先保护类、安全利用类和严格管控类。类别划分及描述见表 3-6-3。

表 3-6-3　按单项污染物划分土壤环境质量单元类别

(按《农用地标准》)

等级	单元类别	依据	污染描述
A 类	优先保护类	单项污染物含量低于(或等于)筛选值	存在食用农产品不符合安全指标等土壤污染风险较低,一般情况下可以忽略不计
B 类	安全利用类	单项污染物含量介于筛选值和管制值之间	可能存在食用农产品不符合安全指标等土壤污染风险,原则上应当采取农艺调控、替代种植等安全利用措施,应加强土壤环境监测和农产品协同监测
C 类	严格管控类	单项污染物含量高于(或等于)管制值	食用农产品不符合质量安全标准等农用地土壤污染风险高,且难以通过安全利用措施降低食用农产品不符合质量安全标准等农用地土壤污染风险,原则上应当采取禁止种植食用农产品、退耕还林等严格管控措施

然后判断评价单元土壤环境质量类别。判定每项污染物代表的评价单元类别后,取最严格的作为该评价单元的类别。

3.6.1.5　分类描述

A 类土壤,属于优先保护类,存在食用农产品不符合安全指标等土壤污染风险较低,一般情况下可以忽略不计。

B 类土壤,属于安全利用类,可能存在食用农产品不符合安全指标等土壤污染风险,原则上应当采取农艺调控、替代种植等安全利用措施,应加强土壤环境监测和农产品协同监测。

C 类土壤,属于严格管控类,食用农产品不符合质量安全标准等农用地土壤污染风险高,且难以通过安全利用措施降低食用农产品不符合质量安全标准等农用地土壤污染风险,原则上应当采取禁止种植食用农产品、退耕还林等严格管控措施。

3.6.2 按单项污染物划分评价单元类别

首先分别按单项污染物(8 个重金属元素)评价单元类别划分指标,对 W 市葡萄果园土壤单项污染物评价单元类别划分结果见表 3-6-4～表 3-6-7,即分别按照镉、汞、砷、铅、铬、铜、镍、锌元素划分评价单元类别,可以看出:

W 市全市区域葡萄果园土壤 40 个点位均为 A 类,无 B 类和 C 类土壤点位,即按照 8 个元素划分评价单元类别,40 个果园土壤点位全部为优先保护类(A 类),8 个污染元素存在食用农产品不符合安全指标等土壤污染风险均较低,一般情况下可以忽略不计。

表 3-6-4 W 市土壤环境质量单元类别

(按单项污染物划分)

类别	A 类			B 类			C 类		
	指标	点位/个	占比/%	指标	点位/个	占比/%	指标	点位/个	占比/%
镉	≤0.6	40	100.0	0.6~4	0	0.0	≥4	0	0.0
汞	≤3.4	40	100.0	3.4~6	0	0.0	≥6	0	0.0
砷	≤25	40	100.0	25~100	0	0.0	≥100	0	0.0
铅	≤170	40	100.0	170~1 000	0	0.0	≥1 000	0	0.0
铬	≤250	40	100.0	250~1 300	0	0.0	≥1 300	0	0.0
铜	≤200	40	100.0	>200	0	0.0	—	0	0.0
镍	≤190	40	100.0	>190	0	0.0	—	0	0.0
锌	≤300	40	100.0	>300	0	0.0	—	0	0.0

表 3-6-5 H 区土壤环境质量单元类别

(按单项污染物划分)

类别	A 类			B 类			C 类		
	指标	点位/个	占比/%	指标	点位/个	占比/%	指标	点位/个	占比/%
镉	≤0.6	20	100.0	0.6~4	0	0.0	≥4	0	0.0
汞	≤3.4	20	100.0	3.4~6	0	0.0	≥6	0	0.0
砷	≤25	20	100.0	25~100	0	0.0	≥100	0	0.0
铅	≤170	20	100.0	170~1 000	0	0.0	≥1 000	0	0.0

续表 3-6-5

类别	A 类			B 类			C 类		
	指标	点位/个	占比/%	指标	点位/个	占比/%	指标	点位/个	占比/%
铬	≤250	20	100. 0	250～1 300	0	0. 0	≥1 300	0	0. 0
铜	≤200	20	100. 0	>200	0	0. 0	—	0	0. 0
镍	≤190	20	100. 0	>190	0	0. 0	—	0	0. 0
锌	≤300	20	100. 0	>300	0	0. 0	—	0	0. 0

表 3-6-6　L 区土壤环境质量单元类别
（按单项污染物划分）

类别	A 类			B 类			C 类		
	指标	点位/个	占比/%	指标	点位/个	占比/%	指标	点位/个	占比/%
镉	≤0. 6	14	100. 0	0. 6～4	0	0. 0	≥4	0	0. 0
汞	≤3. 4	14	100. 0	3. 4～6	0	0. 0	≥6	0	0. 0
砷	≤25	14	100. 0	25～100	0	0. 0	≥100	0	0. 0
铅	≤170	14	100. 0	170～1 000	0	0. 0	≥1 000	0	0. 0
铬	≤250	14	100. 0	250～1 300	0	0. 0	≥1 300	0	0. 0
铜	≤200	14	100. 0	>200	0	0. 0	—	0	0. 0
镍	≤190	14	100. 0	>190	0	0. 0	—	0	0. 0
锌	≤300	14	100. 0	>300	0	0. 0	—	0	0. 0

表 3-6-7　S 区土壤环境质量单元类别
（按单项污染物划分）

类别	A 类			B 类			C 类		
	指标	点位/个	占比/%	指标	点位/个	占比/%	指标	点位/个	占比/%
镉	≤0. 6	6	100. 0	0. 6～4	0	0. 0	≥4	0	0. 0
汞	≤3. 4	6	100. 0	3. 4～6	0	0. 0	≥6	0	0. 0
砷	≤25	6	100. 0	25～100	0	0. 0	≥100	0	0. 0
铅	≤170	6	100. 0	170～1 000	0	0. 0	≥1 000	0	0. 0

续表 3-6-7

类别	A类			B类			C类		
	指标	点位/个	占比/%	指标	点位/个	占比/%	指标	点位/个	占比/%
铬	≤250	6	100.0	250~1 300	0	0.0	≥1 300	0	0.0
铜	≤200	6	100.0	>200	0	0.0	—	0	0.0
镍	≤190	6	100.0	>190	0	0.0	—	0	0.0
锌	≤300	6	100.0	>300	0	0.0	—	0	0.0

H区葡萄果园土壤20个点位均为A类,无B类和C类土壤点位,即按照8个元素划分评价单元类别,20个果园土壤点位全部为优先保护类(A类),8个污染元素存在食用农产品不符合安全指标等土壤污染风险均较低,一般情况下可以忽略不计。

L区葡萄果园土壤14个点位均为A类,无B类和C类土壤点位,即按照8个元素划分评价单元类别,14个果园土壤点位全部为优先保护类(A类),8个污染元素存在食用农产品不符合安全指标等土壤污染风险均较低,一般情况下可以忽略不计。

S区葡萄果园土壤6个点位均为A类,无B类和C类土壤点位,即按照8个元素划分评价单元类别,6个果园土壤点位全部为优先保护类(A类),8个污染元素存在食用农产品不符合安全指标等土壤污染风险均较低,一般情况下可以忽略不计。

3.6.3 评价单元土壤环境质量类别判断

判定每项污染物代表的评价单元类别后,取最严格的作为该评价单元的类别,从而判断评价单元土壤环境质量类别(见表3-6-8)。可以看出:

W市全市区域葡萄果园40个土壤点位均为A类,无B类和C类土壤点位,即按照最严格的单项污染物代表的评价单元类别作为该评价单元的类别,40个土壤点位均为优先保护类,存在食用农产品不符合安全指标等土壤污染风险较低,一般情况下可以忽略不计。

表 3-6-8 土壤环境质量类别

类别	A类		B类		C类	
	点位/个	占比/%	点位/个	占比/%	点位/个	占比/%
全市区域	40	100.0	0	0.0	0	0.0
H区	20	100.0	0	0.0	0	0.0
L区	14	100.0	0	0.0	0	0.0
S区	6	100.0	0	0.0	0	0.0

注:按照最严格的单项污染物代表的评价单元类别作为该评价单元的类别。

H区葡萄果园20个土壤点位均为A类,无B类和C类土壤点位,即按照最严格的单项污染物代表的评价单元类别作为该评价单元的类别,20个土壤点位均为优先保护类,存在食用农产品不符合安全指标等土壤污染风险较低,一般情况下可以忽略不计。

L 区葡萄果园 14 个土壤点位均为 A 类,无 B 类和 C 类土壤点位,即按照最严格的单项污染物代表的评价单元类别作为该评价单元的类别,14 个土壤点位均为优先保护类,存在食用农产品不符合安全指标等土壤污染风险较低,一般情况下可以忽略不计。

S 区葡萄果园 6 个土壤点位均为 A 类,无 B 类和 C 类土壤点位,即按照最严格的单项污染物代表的评价单元类别作为该评价单元的类别,6 个土壤点位均为优先保护类,存在食用农产品不符合安全指标等土壤污染风险较低,一般情况下可以忽略不计。

3.7　葡萄产地环境土壤质量安全评价

按照《绿色食品 产地环境质量》(NY/T 391—2021)的要求,以 W 市为例,来探讨葡萄产地环境土壤评价方法。首先按单因子污染指数对产地环境土壤进行符合性评价,然后对符合绿色食品产地环境要求的土壤点位进行综合污染指数评价并进行污染状况分级,并依据评价结果给出是否适宜发展绿色食品的建议。

3.7.1　评价过程

3.7.1.1　评价依据

依据农业行业标准《绿色食品 产地环境质量》(NY/T 391—2021)、《绿色食品 产地环境调查、监测与评价规范》(NY/T 1054—2021),对 W 市葡萄产地环境土壤安全状况做出评价。

3.7.1.2　评价指标

土壤环境质量要求评价指标包括铅、镉、铬、铜、汞、砷共 6 项基本评价指标。

3.7.1.3　评价标准值

评价指标标准值按照《绿色食品 产地环境质量》(NY/T 391—2021)的规定执行,其标准值以旱地评价指标为主,同时需考虑不同的 pH 值分区,具体要求见表 3-7-1。

表 3-7-1　土壤环境质量检测参数和评价指标

[按《绿色食品 产地环境质量》(NY/T 391—2021)]

项目	标准值/(mg/kg)		
	pH<6.5	6.5≤pH≤7.5	pH>7.5
总镉	≤0.30	≤0.30	≤0.40
总汞	≤0.25	≤0.30	≤0.35
总砷	≤25	≤20	≤20
总铅	≤50	≤50	≤50
总铬	≤120	≤120	≤120
总铜	≤50	≤60	≤60

3.7.1.4　**评价方法**

参照《绿色食品 产地环境调查、监测与评价规范》(NY/T 1054—2021)中规定的方法进行,土壤环境采用污染指数评价法。首先进行单项污染指数评价,如果有1项单项污染指数大于1,则视为该产地环境质量不符合要求,不宜发展绿色食品。其计算公式为:

$$P_i = \frac{C_i}{S_i} \tag{3-7-1}$$

式中　P_i——监测项目 i 的污染指数;

C_i——监测项目 i 的实测值;

S_i——监测项目 i 的评价标准值。

3.7.1.5　**分级与描述**

单项污染指数均小于等于1,则继续进行综合污染指数评价。综合污染指数可作为长期绿色食品生产环境变化趋势的评价指标,可按表3-7-2的规定进行分级。其计算公式为:

$$P_{综} = \sqrt{\frac{(C_i/S_i)_{max}^2 + (C_i/S_i)_{ave}^2}{2}} \tag{3-7-2}$$

式中　$P_{综}$——土壤综合污染指数;

$(C_i/S_i)_{max}$——土壤污染物中污染指数的最大值;

$(C_i/S_i)_{ave}$——土壤污染物中污染指数的平均值。

表3-7-2　综合污染指数分级标准

[(按《绿色食品 产地环境调查、监测与评价规范》(NY/T 1054—2021)]

土壤综合污染指数	等级
≤0.7	清洁
0.7~1.0	尚清洁

3.7.2　单污染因子评价结果

3.7.2.1　**镉**

依据《绿色食品 产地环境质量》(NY/T 391—2021)的要求,按重金属镉单项污染指数对各区域土壤环境进行评价,结果见表3-7-3。可以看出:W市全市区域葡萄果园40个土壤点位中,就重金属镉而言,全部符合《绿色食品 产地环境质量》(NY/T 391—2021)的要求,符合率100%,没有不符合《绿色食品 产地环境质量》(NY/T 391—2021)要求点位;H区葡萄果园20个土壤点位中,就重金属镉而言,全部符合《绿色食品 产地环境质量》(NY/T 391—2021)要求,符合率100%,没有不符合《绿色食品 产地环境质量》(NY/T 391—2021)要求点位;L区葡萄果园14个土壤点位中,就重金属镉而言,全部符合《绿色食品 产地环境质量》(NY/T 391—2021)要求,符合率100%,没有不符合《绿色食品 产地环境质量》(NY/T 391—2021)要求点位;S区葡萄果园6个土壤点位中,就重金属镉而言,全部符合《绿色食品 产地环境质量》(NY/T 391—2021)要求,符合率100%,没有不符合《绿色食品 产地环境质量》(NY/T 391—2021)要求点位。

表 3-7-3　重金属镉评价结果

[按《绿色食品 产地环境质量》(NY/T 391—2021)]

区域	基数/个	符合		不符合	
		点位/个	比例/%	点位/个	比例/%
H 区	20	20	100	0	0.0
L 区	14	14	100	0	0.0
S 区	6	6	100	0	0.0
全市区域	40	40	100	0	0.0

3.7.2.2　汞

依据《绿色食品 产地环境质量》(NY/T 391—2021)的要求,按重金属汞单项污染指数对各区域土壤环境进行评价,结果见表 3-7-4。可以看出:W 市全市区域葡萄果园 40 个土壤点位中,就重金属汞而言,全部符合《绿色食品 产地环境质量》(NY/T 391—2021)要求,符合率 100%,没有不符合《绿色食品 产地环境质量》(NY/T 391—2021)要求点位;H 区葡萄果园 20 个土壤点位中,就重金属汞而言,全部符合《绿色食品 产地环境质量》(NY/T 391—2021)要求,符合率 100%,没有不符合《绿色食品 产地环境质量》(NY/T 391—2021)要求点位;L 区葡萄果园 14 个土壤点位中,就重金属汞而言,全部符合《绿色食品 产地环境质量》(NY/T 391—2021)要求,符合率 100%,没有不符合《绿色食品 产地环境质量》(NY/T 391—2021)要求点位;S 区葡萄果园 6 个土壤点位中,就重金属汞而言,全部符合《绿色食品 产地环境质量》(NY/T 391—2021)要求,符合率 100%,没有不符合《绿色食品 产地环境质量》(NY/T 391—2021)要求点位。

表 3-7-4　重金属汞评价结果

[按《绿色食品 产地环境质量》(NY/T 391—2021)]

区域	基数/个	符合		不符合	
		点位/个	比例/%	点位/个	比例/%
H 区	20	20	100	0	0.0
L 区	14	14	100	0	0.0
S 区	6	6	100	0	0.0
全市区域	40	40	100	0	0.0

3.7.2.3　砷

依据《绿色食品 产地环境质量》(NY/T 391—2021)的要求,按重金属砷单项污染指数对各区域土壤环境进行评价,结果见表 3-7-5。可以看出:W 市全市区域葡萄果园 40 个土壤点位中,就重金属砷而言,全部符合《绿色食品 产地环境质量》(NY/T 391—2021)要求,符合率 100%,没有不符合《绿色食品 产地环境质量》(NY/T 391—2021)要求点位;H 区葡萄果园 20 个土壤点位中,就重金属砷而言,全部符合《绿色食品 产地环境质量》(NY/T 391—2021)要求,符合率 100%,没有不符合《绿色食品 产地环境质量》(NY/T 391—2021)要求点位;L 区葡萄果园 14 个土壤点位中,就重金属砷而言,全部符合《绿色食品 产地环境质量》(NY/T 391—2021)要求,符合率 100%,没有不符合《绿色食品 产地环境质量》(NY/T 391—2021)要求点位;S 区葡萄果园 6 个土壤点位中,就重金属砷而言,全部符合《绿色食品 产地环境质量》(NY/T 391—2021)要求,符合率 100%,没有不符合《绿色食品 产地环境质量》(NY/T 391—2021)要求点位。

表 3-7-5　重金属砷评价结果

[按《绿色食品 产地环境质量》(NY/T 391—2021)]

区域	基数/个	符合		不符合	
		点位/个	比例/%	点位/个	比例/%
H 区	20	20	100	0	0.0
L 区	14	14	100	0	0.0
S 区	6	6	100	0	0.0
全市区域	40	40	100	0	0.0

3.7.2.4　铅

依据《绿色食品 产地环境质量》(NY/T 391—2021)的要求,按重金属铅单项污染指数对各区域土壤环境进行评价,结果见表 3-7-6。可以看出:W 市全市区域葡萄果园 40 个土壤点位中,就重金属铅而言,全部符合《绿色食品 产地环境质量》(NY/T 391—2021)要求,符合率 100%,没有不符合《绿色食品 产地环境质量》(NY/T 391—2021)要求点位;H 区葡萄果园 20 个土壤点位中,就重金属铅而言,全部符合《绿色食品 产地环境质量》(NY/T 391—2021)要求,符合率 100%,没有不符合《绿色食品 产地环境质量》(NY/T 391—2021)要求点位;L 区葡萄果园 14 个土壤点位中,就重金属铅而言,全部符合《绿色食品 产地环境质量》(NY/T 391—2021)要求,符合率 100%,没有不符合《绿色食品 产地环境质量》(NY/T 391—2021)要求点位;S 区葡萄果园 6 个土壤点位中,就重金属铅而言,全部符合《绿色食品 产地环境质量》(NY/T 391—2021)要求,符合率 100%,没有不符合《绿色食品 产地环境质量》(NY/T 391—2021)要求点位。

表 3-7-6　重金属铅评价结果

［按《绿色食品 产地环境质量》(NY/T 391—2021)］

区域	基数/个	符合		不符合	
		点位/个	比例/%	点位/个	比例/%
H 区	20	20	100	0	0.0
L 区	14	14	100	0	0.0
S 区	6	6	100	0	0.0
全市区域	40	40	100	0	0.0

3.7.2.5　铬

依据《绿色食品 产地环境质量》(NY/T 391—2021)的要求,按重金属铬单项污染指数对各区域土壤环境进行评价,结果见表 3-7-7。可以看出:W 市全市区域葡萄果园 40 个土壤点位中,就重金属铬而言,39 个点位符合《绿色食品 产地环境质量》(NY/T 391—2021)要求,符合率 97.5%,1 个点位不符合《绿色食品 产地环境质量》(NY/T 391—2021)要求,不符合率 2.5%;H 区葡萄果园 20 个土壤点位中,就重金属铬而言,全部符合《绿色食品 产地环境质量》(NY/T 391—2021)要求,符合率 100%,没有不符合《绿色食品 产地环境质量》(NY/T 391—2021)要求点位;L 区葡萄果园 14 个土壤点位中,就重金属铬而言,全部符合《绿色食品 产地环境质量》(NY/T 391—2021)要求,符合率 100%,没有不符合《绿色食品 产地环境质量》(NY/T 391—2021)要求点位;S 区葡萄果园 6 个土壤点位中,就重金属铬而言,5 个点位符合《绿色食品 产地环境质量》(NY/T 391—2021)要求,符合率 83.3%,1 个点位不符合《绿色食品 产地环境质量》(NY/T 391—2021)要求,不符合率 16.7%。即 W 市全市区域葡萄果园 40 个土壤点位中,就重金属铬而言,符合要求的点位比例为 97.5%,不符合要求的点位比例为 2.5%,全市区域共 1 个铬超标点位,分布在 S 区。

表 3-7-7　重金属铬评价结果

［按《绿色食品 产地环境质量》(NY/T 391—2021)］

区域	基数/个	符合		不符合	
		点位/个	比例/%	点位/个	比例/%
H 区	20	20	100	0	0.0
L 区	14	14	100	0	0.0
S 区	6	5	83.3	1	16.7
全市区域	40	39	97.5	1	2.5

3.7.2.6 铜

依据《绿色食品 产地环境质量》(NY/T 391—2021)的要求,按重金属铜单项污染指数对各区域土壤环境进行评价,结果见表3-7-8。可以看出:W市全市区域葡萄果园40个土壤点位中,就重金属铜而言,全部符合《绿色食品 产地环境质量》(NY/T 391—2021)要求,符合率100%,没有不符合《绿色食品 产地环境质量》(NY/T 391—2021)要求点位;H区葡萄果园20个土壤点位中,就重金属铜而言,全部符合《绿色食品 产地环境质量》(NY/T 391—2021)要求,符合率100%,没有不符合《绿色食品 产地环境质量》(NY/T 391—2021)要求点位;L区葡萄果园14个土壤点位中,就重金属铜而言,全部符合《绿色食品 产地环境质量》(NY/T 391—2021)要求,符合率100%,没有不符合《绿色食品 产地环境质量》(NY/T 391—2021)要求点位;S区葡萄果园6个土壤点位中,就重金属铜而言,全部符合《绿色食品 产地环境质量》(NY/T 391—2021)要求,符合率100%,没有不符合《绿色食品 产地环境质量》(NY/T 391—2021)要求点位。

表3-7-8 重金属铜评价结果

[(按《绿色食品 产地环境质量》(NY/T 391—2021)]

区域	基数/个	符合		不符合	
		点位/个	比例/%	点位/个	比例/%
H区	20	20	100	0	0.0
L区	14	14	100	0	0.0
S区	6	6	100	0	0.0
全市区域	40	40	100	0	0.0

3.7.3 符合性评价结果

依照《绿色食品 产地环境质量》(NY/T 391—2021)标准要求,W市全市区域葡萄园地土壤按单因子污染指数最大值符合性评价结果见表3-7-9。可以看出:按单因子污染指数最大值判定,W市葡萄园地40个土壤点位中,符合要求的点位比例为97.5%,不符合要求的点位比例为2.5%,有1个土壤点位不符合种植业绿色食品产地环境质量标准;不符合种植业绿色食品产地环境质量要求的土壤中,污染因子为铬。按单因子污染指数判定,40个点位中有1个点位铬超标,不符合点位比例为2.5%;从区域分布来看,不符合种植业绿色食品产地环境质量要求的土壤点位分布在S区(1个点位铬超标)。

3.7.4 按照综合污染指数分级情况

对单因子污染指数均小于或等于1即符合《绿色食品 产地环境质量》(NY/T 391—2021)要求的土壤点位,继续进行综合污染指数评价。按照综合污染指数进行污染状况分级,可作为长期绿色食品产地环境变化趋势的评价参考。按综合污染指数分级情况见

表 3-7-10。可以看出：W 市葡萄园地 40 个土壤点位中，不符合种植业绿色食品产地环境质量标准点位比例为 2.5%，区域内有 97.5%的土壤符合绿色食品产地环境要求，清洁的比例为 97.5%，没有尚清洁点位，即区域内 97.5%土壤处于清洁状态。

表 3-7-9　W 市葡萄果园土壤符合性评价结果

［按《绿色食品 产地环境质量》(NY/T 391—2021)］

单因子污染指数类型	镉	汞	砷	铅	铬	铜	总体
基数/个	40	40	40	40	40	40	40
符合点位/个	40	40	40	40	39	40	39
符合点位比例/%	100	100	100	100	97.5	100	97.5
不符合点位/个	0	0	0	0	1	0	1
不符合点位比例/%	0.0	0.0	0.0	0.0	2.5	0.0	2.5

表 3-7-10　按照综合污染指数分级情况

区域			H 区	L 区	S 区	全市区域
基数/个			20	14	6	40
按单项污染指数最大值判定	符合	点位/个	20	14	5	39
		比例/%	100	100	83.3	97.5
	不符合	点位/个	0	0	1	1
		比例/%	0	0	16.7	2.5
符合点位按综合污染指数分级	清洁	点位/个	20	14	5	39
		比例/%	100	100	83.3	97.5
	尚清洁	点位/个	0	0	0	0
		比例/%	0	0	0	0

3.7.5　不同区域土壤质量安全评价结果

3.7.5.1　H 区葡萄果园土壤质量安全评价

H 区葡萄果园土壤按照《绿色食品 产地环境质量》(NY/T 391—2021)标准评价结果见表 3-7-11。按单因子污染指数最大值判定，H 区 20 个葡萄果园土壤点位均符合种植业绿色食品产地环境质量标准，符合率 100%，且均处于清洁状态。即 H 区 20 个葡萄果园土壤点位均符合种植业绿色食品产地环境质量标准，适宜长期发展绿色食品，但要着重关注综合污染指数的变化趋势。

表 3-7-11　H 区葡萄果园土壤评价结果

［按《绿色食品 产地环境质量》(NY/T 391—2021)］

评价指标		镉	汞	砷	铅	铬	铜	总体
单因子污染指数最大值判定	基数/个	20	20	20	20	20	20	20
	符合点位/个	20	20	20	20	20	20	20
	符合点位比例/%	100	100	100	100	100	100	100
	不符合点位/个	0	0	0	0	0	0	0
	不符合点位比例/%	0.0	0.0	0.0	0.0	0.0	0.0	0.0
按照综合污染指数分级情况	清洁点位/个	—	—	—	—	—	—	20
	清洁点位比例/%	—	—	—	—	—	—	100
	尚清洁点位/个	—	—	—	—	—	—	0
	尚清洁点位比例/%	—	—	—	—	—	—	0.0
	污染点位/个	—	—	—	—	—	—	0
	污染点位比例/%	—	—	—	—	—	—	0.0

3.7.5.2　L 区葡萄果园土壤质量安全评价

L 区果园土壤按照《绿色食品 产地环境质量》(NY/T 391—2021)标准评价结果见表 3-7-12。按单因子污染指数最大值判定，L 区 14 个葡萄果园土壤点位均符合种植业绿色食品产地环境质量标准，符合率 100%，且均处于清洁状态。即 L 区 14 个葡萄果园土壤点位均符合种植业绿色食品产地环境质量标准，适宜长期发展绿色食品，但要着重关注综合污染指数的变化趋势。

表 3-7-12　L 区葡萄果园土壤评价结果

［按《绿色食品 产地环境质量》(NY/T 391—2021)］

评价指标		镉	汞	砷	铅	铬	铜	总体
单因子污染指数最大值判定	基数/个	14	14	14	14	14	14	14
	符合点位/个	14	14	14	14	14	14	14
	符合点位比例/%	100	100	100	100	100	100	100
	不符合点位/个	0	0	0	0	0	0	0
	不符合点位比例/%	0.0	0.0	0.0	0.0	0.0	0.0	0.0

续表 3-7-12

评价指标		镉	汞	砷	铅	铬	铜	总体
按照综合污染指数分级情况	清洁点位/个	—	—	—	—	—	—	14
	清洁点位比例/%	—	—	—	—	—	—	100
	尚清洁点位/个	—	—	—	—	—	—	0
	尚清洁点位比例/%	—	—	—	—	—	—	0.0
	污染点位/个	—	—	—	—	—	—	0
	污染点位比例/%	—	—	—	—	—	—	0.0

3.7.5.3　S 区葡萄果园土壤质量安全评价

S 区果园土壤按照《绿色食品 产地环境质量》(NY/T 391—2021)标准评价结果见表 3-7-13。按单因子污染指数最大值判定,S 区 6 个葡萄果园土壤点位中有 5 个符合种植业绿色食品产地环境质量标准,符合率 83.3%。符合绿色食品产地环境要求的果园土壤,均处于清洁状态,清洁的比例为 83.3%。

表 3-7-13　S 区葡萄果园土壤评价结果

[按《绿色食品 产地环境质量》(NY/T 391—2021)]

评价指标		镉	汞	砷	铅	铬	铜	总体
单因子污染指数最大值判定	基数/个	6	6	6	6	6	6	6
	符合点位/个	6	6	6	6	5	6	5
	符合点位比例/%	100	100	100	100	83.3	100	83.3
	不符合点位/个	0	0	0	0	1	0	1
	不符合点位比例/%	0.0	0.0	0.0	0.0	16.7	0.0	16.7
按照综合污染指数分级情况	清洁点位/个	—	—	—	—	—	—	5
	清洁点位比例/%	—	—	—	—	—	—	83.3
	尚清洁点位/个	—	—	—	—	—	—	0
	尚清洁点位比例/%	—	—	—	—	—	—	0.0
	污染点位/个	—	—	—	—	—	—	1
	污染点位比例/%	—	—	—	—	—	—	16.7

主要污染因子为铬。按单因子污染指数判定,6 个果园土壤点位中,有 1 个点位铬超标,不符合点位比例为 16.7%;镉、汞、铅、砷、铜均不超标。即 S 区 6 个葡萄果园土壤点位

中,83.3%符合种植业绿色食品产地环境质量标准,适宜长期发展绿色食品,但要着重关注综合污染指数的变化趋势。

3.7.5.4　W 市葡萄果园土壤质量安全综合评价

W 市果园土壤按照《绿色食品 产地环境质量》(NY/T 391—2021)标准评价结果见表 3-7-14。按单因子污染指数最大值判定:

W 市 40 个葡萄果园土壤点位中有 39 个符合种植业绿色食品产地环境质量标准,符合率 97.5%;符合绿色食品产地环境要求的果园土壤,均处于清洁状态,清洁的比例为 97.5%;主要污染因子为铬,按单因子污染指数判定,40 个果园土壤点位中:铬有 1 个点位超标,不符合点位比例为 2.5%,镉、汞、铅、砷、铜均不超标。即 W 市 40 个葡萄果园土壤点位中,97.5%符合种植业绿色食品产地环境质量标准,适宜发展绿色食品,但要着重关注综合污染指数的变化趋势。

表 3-7-14　W 市葡萄果园土壤评价结果

[按《绿色食品 产地环境质量》(NY/T 391—2021)]

评价指标		镉	汞	砷	铅	铬	铜	总体
单因子污染指数最大值判定	基数/个	40	40	40	40	40	40	40
	符合点位/个	40	40	40	40	39	40	39
	符合点位比例/%	100	100	100	100	97.5	100	97.5
	不符合点位/个	0	0	0	0	1	0	1
	不符合点位比例/%	0.0	0.0	0.0	0.0	2.5	0.0	2.5
按照综合污染指数分级情况	清洁点位/个	—	—	—	—	—	—	39
	清洁点位比例/%	—	—	—	—	—	—	97.5
	尚清洁点位/个	—	—	—	—	—	—	0
	尚清洁点位比例/%	—	—	—	—	—	—	0.0
	污染点位/个	—	—	—	—	—	—	1
	污染点位比例/%	—	—	—	—	—	—	2.5

3.8　土壤质量安全评价小结

3.8.1　重金属基本概况

(1)铅在世界土壤中含量范围为 2~300 mg/kg,中位值为 35 mg/kg。内蒙古自治区 A

层土壤和 C 层土壤铅背景值平均值分别为 17.2 mg/kg 和 16.8 mg/kg，均分别低于全国相应土层土壤铅背景值（A 层土壤 26.0 mg/kg 和 C 层土壤 24.7 mg/kg）。铅背景值主要影响因子为土壤类型、土地利用、母质母岩、地形。土壤中铅的自然来源主要是矿物和岩石中的本底值，人为来源主要是工业生产和汽车排放的气体降尘、城市污泥和垃圾，以及采矿和金属加工业废弃物的排放。

（2）镉是一种稀有分散元素，世界土壤中镉含量范围为 0.01～2 mg/kg，中位值为 0.35 mg/kg。内蒙古自治区 A 层土壤和 C 层土壤镉背景值平均值分别为 0.053 mg/kg 和 0.050 mg/kg，均分别低于全国相应土层土壤镉背景值（A 层土壤 0.097 mg/kg 和 C 层土壤 0.084 mg/kg）。镉背景值主要影响因子排序为土壤类型、土壤有机质、地形等，自然来源主要是岩石和土壤的本底值，人为来源主要指人类工农业生产活动造成的镉对大气、水体和土壤的污染，如交通运输、农业投入品的使用、污水灌溉、污泥施肥、工矿企业活动等。

（3）铬在世界土壤中含量范围为 5～1 500 mg/kg，中位值为 70 mg/kg。内蒙古自治区 A 层土壤和 C 层土壤铬背景值平均值分别为 41.4 mg/kg 和 38.0 mg/kg，均分别低于全国相应土层土壤铬背景值（A 层土壤 61.0 mg/kg 和 C 层土壤 60.8 mg/kg）。铬背景值主要影响因子排序为土壤类型、母质母岩、pH 值、地形等，自然土壤中铬主要来源于成土岩石，大气中重金属铬的沉降是土壤中铬污染的主要来源之一。

（4）镍普遍存在于自然环境中，世界土壤中镍含量范围为 2～750 mg/kg，中位值为 50 mg/kg。内蒙古自治区 A 层土壤和 C 层土壤镍背景值平均值分别为 19.5 mg/kg 和 19.0 mg/kg，均分别低于全国相应土层土壤镍背景值（A 层土壤 26.9 mg/kg 和 C 层土壤 28.6 mg/kg）。镍背景值主要影响因子排序为第一影响因子为 pH 值，其次为土壤类型、母质母岩、土壤质地等。

（5）汞是构成地壳的物质，世界土壤中汞含量范围为 0.01～0.5 mg/kg，中位值为 0.06 mg/kg。内蒙古自治区 A 层土壤和 C 层土壤汞背景值平均值分别为 0.040 mg/kg 和 0.034 mg/kg，均分别低于全国相应土层土壤汞背景值（A 层土壤 0.065 mg/kg 和 C 层土壤 0.044 mg/kg）。汞背景值主要影响因子排序为土壤类型、母质母岩、pH 值、植被等。自然来源包括火山活动、岩石分化、植被释放等，人为来源主要是人类活动，如工业上含汞废水、废气和废渣等，农业上含汞农药、化肥的使用等，生活中洗涤用品、含汞电器、温度计、含汞化妆品等的使用等。

（6）砷在世界土壤中含量范围为 0.1～40 mg/kg，中位值为 6 mg/kg。内蒙古自治区 A 层土壤和 C 层土壤砷背景值平均值均为 7.5 mg/kg，均分别低于全国相应土层土壤砷背景值（A 层土壤 11.2 mg/kg 和 C 层土壤 11.5 mg/kg）。砷背景值主要影响因子排序为土壤类型、母质母岩、地形、土地利用。自然因素主要是土壤的成土母质中所含的砷元素，人为来源包括人类各种活动如开采、冶炼和产品制造等。

（7）铜在世界土壤中含量范围为 2～250 mg/kg，中位值为 30 mg/kg。内蒙古自治区 A 层土壤和 C 层土壤铜背景值平均值分别为 14.4 mg/kg 和 13.5 mg/kg，均分别低于全国相应土层土壤铜背景值(A 层土壤 22.6 mg/kg 和 C 层土壤 23.1 mg/kg)。铜背景值主要影响因子排序为母质母岩、土壤类型、地形、土壤质地。土壤铜的来源受成土母质、气候、人类活动等多种因素的影响。

(8)锌世界土壤中含量范围为 1~900 mg/kg,中位值为 9 mg/kg。内蒙古自治区 A 层土壤和 C 层土壤锌背景值平均值分别为 59.1 mg/kg 和 56.7 mg/kg,均分别低于全国相应土层土壤锌背景值(A 层土壤 74.2 mg/kg 和 C 层土壤 71.1 mg/kg)。锌背景值主要影响因子排序为土壤类型、母质母岩、土壤有机质、土壤质地。主要污染来源有农业生产、交通运输、污水灌溉、污泥施肥等。

3.8.2　重金属含量及统计学特征

(1)W 市葡萄果园土壤铅含量范围为 8.40~19.80 mg/kg,平均值为 14.30 mg/kg,变异系数为 16.17%,平均值低于国家土壤铅背景值(26 mg/kg)和内蒙古自治区土壤铅背景值(17.2 mg/kg),说明该区域内土壤重金属铅积累现象不明显。铅含量属于中等变异性,即铅在空间上分布不均匀,土壤铅含量受外界影响程度中等。

(2)W 市葡萄果园土壤镉含量范围为 0.064 7~0.364 0 mg/kg,平均值为 0.190 2 mg/kg,变异系数为 35.23%,平均值高于国家土壤镉背景值(0.097 mg/kg)和内蒙古自治区土壤镉背景值(0.053 mg/kg),说明该区域内土壤重金属镉积累现象比较明显。镉含量属于中等变异性,即镉在空间上分布不均匀,土壤镉含量受外界影响程度中等。

(3)W 市葡萄果园土壤铬含量范围为 34.20~128.00 mg/kg,平均值为 52.88 mg/kg,变异系数为 40.78%,平均值低于国家土壤铬背景值(61.0 mg/kg)但高于内蒙古自治区土壤铬背景值(41.4 mg/kg),说明该区域内土壤重金属铬是存在一定程度的积累的。铬含量属于中等变异性,即铬在空间上分布不均匀,土壤铬含量受外界影响程度中等。

(4)W 市葡萄果园土壤镍含量范围为 17.30~41.00 mg/kg,平均值为 22.78 mg/kg,变异系数为 26.32%,平均值低于国家土壤镍背景值(26.9 mg/kg)但高于内蒙古自治区土壤镍背景值(19.5 mg/kg),说明该区域内土壤重金属镍是存在一定程度的积累的。镍含量属于中等变异性,即镍在空间上分布不均匀,土壤镍含量受外界影响程度中等。

(5)W 市葡萄果园土壤汞含量范围为 0.005 3~0.087 8 mg/kg,平均值为 0.032 0 mg/kg,变异系数为 68.75%,平均值低于国家土壤汞背景值(0.065 mg/kg)和内蒙古自治区土壤汞背景值(0.040 mg/kg),说明该区域内土壤重金属汞积累现象不明显。汞含量属于中等变异性,即汞在空间上分布不均匀,土壤汞含量受外界影响程度中等。

(6)W 市葡萄果园土壤砷含量范围为 2.27~9.38 mg/kg,平均值为 4.19 mg/kg,变异系数为 40.88%,平均值低于国家土壤砷背景值(11.2 mg/kg)和内蒙古自治区土壤砷背景值(7.5 mg/kg),说明该区域内土壤重金属砷积累现象不明显。砷含量属于中等变异性,即砷在空间上分布不均匀,土壤砷含量受外界影响程度中等。

(7)W 市葡萄果园土壤铜含量范围为 10.00~22.00 mg/kg,平均值为 15.65 mg/kg,

变异系数为 20.99%，平均值低于国家土壤铜背景值(20.0 mg/kg)和内蒙古自治区土壤铜背景值(12.9 mg/kg)，说明该区域内土壤重金属铜积累现象不明显。铜含量属于中等变异性，即铜在空间上分布不均匀，土壤铜含量受外界影响程度中等。

(8)W 市葡萄果园土壤锌含量范围为 33.00~85.00 mg/kg，平均值为 48.48 mg/kg，变异系数为 26.59%，平均值低于国家土壤锌背景值(74.2 mg/kg)和内蒙古自治区土壤锌背景值(59.1 mg/kg)，说明该区域内土壤重金属锌积累现象不明显。锌含量属于中等变异性，即锌在空间上分布不均匀，土壤锌含量受外界影响程度中等。

3.8.3　重金属含量分布形态特征

(1)全市区域和 H 区葡萄果园土壤含量呈负偏态分布，即铅含量较高的点位所占比例高于铅含量较低的点位比例，而 L 区和 S 区果园土壤铅呈不太明显的正偏态分布，即铅含量较高的点位所占比例稍低于铅含量较低的点位比例。

(2)全市区域、L 区果园土壤镉含量呈正偏态分布，即镉含量较高的点位所占比例低于镉含量较低的点位比例，而 H 区果园土壤镉分布呈负偏态分布，即镉含量较高的点位所占比例高于镉含量较低的点位比例。

(3)全市区域、L 区和 S 区果园土壤铬含量呈明显的正偏态分布，即铬含量较高的点位所占比例明显低于铬含量较低的点位比例。而 H 区果园土壤铬含量呈负偏态分布，即铬含量较高的点位所占比例高于铬含量较低的点位比例。

(4)全市区域、H 区、L 区及 S 区葡萄果园土壤镍呈比较明显的正偏态分布，即镍含量较高的点位所占比例明显低于镍含量较低的点位比例。

(5)全市区域、H 区、L 区及 S 区葡萄果园土壤汞呈正偏态分布，即汞含量较高的点位所占比例低于汞含量较低的点位比例，但 H 区和 S 区的差异要比全市区域和 L 区稍大些。

(6)全市区域、H 区、L 区及 S 区葡萄果园土壤砷呈正偏态分布，即砷含量较高的点位所占比例低于砷含量较低的点位比例，但 H 区的差异要比其他区域稍小些。

(7)全市区域、H 区、L 区葡萄果园土壤铜呈不明显的正偏态分布，即铜含量较高的点位所占比例稍低于铜含量较低的点位比例。S 区葡萄果园土壤铜含量呈不明显的负偏态分布，即铜含量较高的点位所占比例稍高于铜含量较低的点位比例。

(8)全市区域、H 区、L 区葡萄果园土壤锌呈正偏态分布，即锌含量较高的点位所占比例低于锌含量较低的点位比例，但 L 区的差异要较其他区域稍小些。S 区葡萄果园土壤重金属锌含量呈不太明显的负偏态分布，即锌含量较高的点位所占比例稍高于锌含量较低的点位比例。

3.8.4　重金属污染指数评价

3.8.4.1　**按单因子污染指数评价**

以内蒙古自治区河套地区表层土壤中元素背景值为评价标准，W 市葡萄果园土壤中单因子污染指数最大值范围为 1. 36~3. 53，平均值为 1. 92，100%果园土壤点位单因子污染指数最大值大于 1。就单因子污染指数来说，W 市葡萄果园土壤中单因子污染指数范围很广，40 个葡萄果园土壤点位中，单因子污染指数范围为 0. 21~3. 53，平均值为 0. 96。

3. 8. 4. 2 按内梅罗综合污染指数评价

以内蒙古自治区河套地区表层土壤中元素背景值为评价标准，W 市葡萄果园 40 个土壤点位中，82. 5%的点位属于轻污染等级，17. 5%的点位属于中污染等级，没有重污染等级。就各区域来说：H 区葡萄果园 95. 00%的点位属于轻污染等级，5. 00%的点位属于中污染等级，没有重污染等级；L 区葡萄果园 64. 29%的点位属于轻污染等级，35. 71%的点位属于中污染等级，没有重污染等级；S 区葡萄果园 83. 33%的点位属于轻污染等级，16. 67%的点位属于中污染等级，没有重污染等级。

3. 8. 4. 3 按污染负荷指数评价

以内蒙古自治区河套地区表层土壤中元素背景值为评价标准，W 市不同区域葡萄果园土壤中重金属点位污染负荷指数评价结果以 0 级即无污染等级为主，无污染等级占比 82. 50%，中等污染等级占比 17. 50%，没有强污染等级点位及极强污染等级点位。区域污染负荷指数（PLI_{zone}）范围为 0. 83~0. 96，即就评价区域综合情况来看所有区域均处于无污染水平。

3. 8. 5 基于相关性的重金属污染物源解析

运用 SPSS 软件对 W 市葡萄果园土壤中重金属元素含量间进行相关性分析，W 市全市区域葡萄果园土壤中，Cd 与 Pb 在极显著水平下呈高度正相关，相关系数为 r(Cd，Pb)= 0. 918；Ni 与 Hg、Cr、Cu，Zn 与 Hg、Cr、Cu、Ni 在极显著水平下呈显著正相关，相关系数分别为 r(Ni，Hg)= 0. 561、r(Ni，Cr)= 0. 621、r(Ni，Cu)= 0. 582、r(Zn，Hg)= 0. 654、r(Zn，Cr)= 0. 547、r(Zn，Cu)= 0. 700、r(Zn，Ni)= 0. 770；Cu 与 Hg 在极显著水平下呈低度正相关，r(Cu，Hg)= 0. 494；Cr 与 Pb 在极显著水平下呈低度负相关，r(Cu，Hg)= -0. 408；Cr 与 Cd 在显著水平下呈低度负相关，r(Cr，Cd)= -0. 321；其余元素间相关程度相对较低。主要特征为：Cd 与 Pb、Zn 与 Cu 和 Hg 以及 Ni 与 Pb、Cr、Zn、Cd 之间相关性非常高；Cd 与 Hg 及 Cd、Cu、Ni 之间相关性较高；Cr 与 Cd、Pb 之间相关性较高，但为负相关；其余元素之间相关性一般。可见在 W 市葡萄果园土壤评价的 8 种重金属元素中，Cd 与 Pb、Zn 与 Cu 和 Hg 以及 Ni 与 Pb、Cr、Zn、Cd 之间相关性非常高，说明在土壤中这几种元素间的地球化学性质相近，在相同或相似的外界条件下其变化趋势基本一致，重金属来源相同。

3. 8. 6 产地环境土壤污染风险分类评价

按照《土壤环境质量 农用地土壤污染风险管控标准（试行）》（GB 15618—2018）替代《土壤环境质量标准》（GB 15618—1995），对 W 市葡萄产地环境土壤进行分类评价：葡萄果园土壤 8 个重金属元素划分评价单元类别分别为 W 市 40 个果园土壤点位全部为优先保护类(A 类),无 B 类和 C 类土壤点位,即按照 8 个元素划分评价单元类别,40 个果园土壤点位全部为优先保护类(A 类),8 个污染元素存在食用农产品不符合安全指标等土壤污染风险均较低,一般情况下可以忽略不计;判定每项污染物代表的评价单元类别后,取最严格的作为该评价单元的类别,从而判断评价单元土壤环境质量类别,W 市全市区域葡萄果园 40 个土壤点位均为 A 类,无 B 类和 C 类土壤点位,即按照最严格的单项污染物代表的评价单元类别作为该评价单元的类别,40 个土壤点位均为优先保护类,存在食用农产品不符合安全指标等土壤污染风险较低,一般情况下可以忽略不计。

3. 8. 7　产地环境土壤质量安全评价

依据《绿色食品 产地环境质量》(NY/T 391—2021)的要求,按重金属单项污染指数对各区域土壤环境进行评价,W 市全市区域葡萄果园 40 个土壤点位中:镉、汞、砷、铅、铜全部符合《绿色食品 产地环境质量》(NY/T 391—2021)要求,符合率 100%,没有不符合《绿色食品 产地环境质量》(NY/T 391—2021)要求点位;铬 39 个点位符合《绿色食品 产地环境质量》(NY/T 391—2021)要求,符合率 97. 5%,1 个点位不符合《绿色食品 产地环境质量》(NY/T 391—2021)要求,不符合率 2. 5%。

依照《绿色食品 产地环境质量》(NY/T 391—2021)标准要求,按单因子污染指数最大值判定,W 市葡萄园地 40 个土壤点位中,符合要求的点位比例为 97. 5%,不符合要求的点位比例为 2. 5%,有 1 个土壤点位不符合种植业绿色食品产地环境质量标准;不符合种植业绿色食品产地环境质量要求的土壤中,污染因子为铬。按单因子污染指数判定,40 个点位中有 1 个点位铬超标,不符合点位比例为 2. 5%;从区域分布来看,不符合种植业绿色食品产地环境质量要求的土壤点位分布在 S 区(1 个点位铬超标)。

按照《绿色食品 产地环境质量》(NY/T 391—2021)要求,对单因子污染指数均小于或等于 1 即符合绿色食品产地环境要求的土壤点位,继续进行综合污染指数评价:W 市葡萄园地 40 个土壤点位中,不符合种植业绿色食品产地环境质量标准点位比例为 2. 5%,区域内有 97. 5%的土壤符合绿色食品产地环境要求,清洁的比例为 97. 5%的,没有尚清洁点位,即区域内 97. 5%的土壤处于清洁状态。

按照《绿色食品 产地环境质量》(NY/T 391—2021),按单因子污染指数最大值判定:W 市 40 个葡萄果园土壤点位中有 39 个符合种植业绿色食品产地环境质量标准,符合率 97. 5%;符合绿色食品产地环境要求的果园土壤,均处于清洁状态,清洁的比例为 97. 5%;主要污染因子为铬,按单因子污染指数判定,40 个果园土壤点位中:铬有 1 个点位超标,不符合点位比例为 2. 5%,镉、汞、铅、砷、铜均不超标。即 W 市 40 个葡萄果园土壤点位中,97. 5%符合种植业绿色食品产地环境质量标准,适宜发展绿色食品,但要着重关注综合污染指数的变化趋势。

第 4 章 葡萄营养品质评价

独特的地理环境孕育了独特的 W 市葡萄,本章旨在用数据支撑 W 市葡萄的品质优势,针对 W 市葡萄进行营养品质检测与综合评价,全面掌握 W 市葡萄独特的品种特征及其比较优势。同时引导农产品企业标准化生产,实现品种、品质、品牌和标准化生产的新"三品一标"理念,支撑政府监管,引导消费,提升 W 市葡萄竞争力和品牌知名度,最终实现果业增效。

4.1 评价内容

本章以 W 市种植生产的葡萄果实(24 个葡萄品种 116 个葡萄样品)为评价对象,进行感官评价分析和营养成分含量检测分析,通过对比葡萄产品的营养数据库,对 W 市葡萄营养品质的独特性进行综合评价。

4.2 评价依据

通过我国葡萄产品营养品质现行标准、全国名特优新农产品葡萄产品、中国食品成分表和美国食品成分表的营养成分数据的搜索、收集和整理,确定我国现行标准葡萄营养品质数据库(ZZGG02-01)、全国名特优新葡萄营养品质数据库(ZZGG02-02)、中国葡萄营养品质数据库(ZZGG02-03)和美国葡萄营养品质数据库(ZZGG02-04)等 4 个葡萄营养品质数据库,以此作为 W 市葡萄营养品质比对数据。

4.2.1 我国现行标准葡萄营养品质数据库(ZZGG02-01)

通过查阅目前葡萄品质相关的标准 22 个,汇总全国的行业标准,包括来自新疆维吾尔自治区、甘肃省、陕西省、天津市、河北省、河南省、安徽省、江苏省、贵州省、重庆市、广西壮族自治区等 11 个省(区、市)的地理标志产品及产品等级标准中 33 个葡萄产品的数据,基本覆盖不同品种或果皮颜色的葡萄产品,从中提取葡萄可溶性固形物、总糖、总酸、固酸比等 4 个营养指标值,形成我国现行标准葡萄营养品质数据库,见表 4-2-1、表 4-2-2。

表 4-2-1 我国现行标准葡萄营养品质数据库基本信息

编号	产品名称	区域	产品类型	颜色/品种	依据标准
01-1	璧山葡萄	重庆	地理标志产品	—	团体标准/地理标志产品/璧山 T/CBGA-001—2020
01-2	吐鲁番葡萄	新疆	地理标志产品	绿色、黄绿色	国家标准/地理标志产品/吐鲁番葡萄 GB/T 19585—2008

续表 4-2-1

编号	产品名称	区域	产品类型	颜色/品种	依据标准
01-3	玫瑰香葡萄	天津	地理标志产品	玫瑰香	地方标准/天津市地理标志产品/茶淀玫瑰香葡萄 DB 12/T 515—2014
01-4	户县葡萄	陕西	地理标志产品	紫色	地方标准/地理标志产品/户县葡萄 DB 61/T 586—2013
01-5	无核白葡萄	全国	农业行业标准	无核白	农业行业标准/无核白葡萄 NY/T 704—2003
01-6	酿酒葡萄	全国	农业行业标准	酿酒葡萄	农业行业标准/加工用葡萄 NY/T 3103—2018
01-7	酿酒葡萄	全国	农业行业标准	酿酒葡萄	农业行业标准/农作物优异种质资源评价规范葡萄 NY/T 2023—2011
01-8	鲜葡萄	全国	供销行业标准	无核白	供销合作行业标准/鲜葡萄 GH/T 1022—2000
01-9	鲜葡萄	全国	供销行业标准	龙眼	供销合作行业标准/鲜葡萄 GH/T 1022—2000
01-10	无核白葡萄	全国	国家标准	无核白	国家标准/无核白葡萄 GB/T 19970—2005
01-11	鲜葡萄	全国	供销行业标准	玫瑰香	供销合作行业标准/鲜葡萄 GH/T 1022—2000
01-12	鲜葡萄	全国	供销行业标准	红地球	供销合作行业标准/鲜葡萄 GH/T 1022—2000
01-13	鲜葡萄	全国	供销行业标准	巨峰	供销合作行业标准/鲜葡萄 GH/T 1022—2000
01-14	鲜食葡萄	全国	农业行业标准	鲜食	农业行业标准/农作物优异种质资源评价规范葡萄 NY/T 2023—2011
01-15	鲜葡萄	全国	供销行业标准	里扎马特	供销合作行业标准/鲜葡萄 GH/T 1022—2000
01-16	温带水果	全国	绿色食品	葡萄	农业行业标准/绿色食品/温带水果 NY/T 844—2017
01-17	巨玫瑰葡萄	江苏	产品等级标准	巨玫瑰	地方标准/巨玫瑰葡萄等级 DB 32/T 1500—2009

续表 4-2-1

编号	产品名称	区域	产品类型	颜色/品种	依据标准
01-18	丁庄葡萄	江苏	地理标志产品	阳光玫瑰	地方标准/地理标志产品/丁庄葡萄 DB 3211/T 1001—2019
01-19	丁庄葡萄	江苏	地理标志产品	巨峰	地方标准/地理标志产品/丁庄葡萄 DB 3211/T 1001—2019
01-20	丁庄葡萄	江苏	地理标志产品	夏黑	地方标准/地理标志产品/丁庄葡萄 DB 3211/T 1001—2019
01-21	夏黑葡萄	河南	产品等级标准	夏黑	地方标准/夏黑葡萄果实质量等级 DB 41/T 1143—2015
01-22	红地球葡萄	河南	产品等级标准	红地球	地方标准/红地球葡萄果实质量等级 DB 41/T 658—2010
01-23	霞多丽葡萄	河北	产品等级标准	黄绿色	地方标准/霞多丽葡萄果实质量标准 DB 1303/T 106—2000
01-24	饶阳葡萄	河北	地理标志产品	红宝石无核	地方标准/地理标志产品/饶阳葡萄 DB 13/T 2454—2017
01-25	饶阳葡萄	河北	地理标志产品	巨峰	地方标准/地理标志产品/饶阳葡萄 DB 13/T 2454—2017
01-26	牛奶葡萄	河北	地理标志产品	牛奶葡萄	地方标准/地理标志保护产品宣化牛奶葡萄果品质量 DB 13/T 911. 1—2007
01-27	饶阳葡萄	河北	地理标志产品	维多利亚	地方标准/地理标志产品/饶阳葡萄 DB 13/T 2454—2017
01-28	红岩葡萄	贵州	地理标志产品	淡黄绿色	地方标准/地理标志产品/红岩葡萄 DB 52/T 1061—2015
01-29	钟山葡萄	贵州	地理标志产品	巨峰	地方标准/地理标志产品/钟山葡萄 DB 5202/T 019—2019
01-30	鲁比葡萄	广西	地理标志产品	紫红色	地方标准/地理标志产品/鲁比葡萄 DB 45/T 2204—2020
01-31	敦煌葡萄	甘肃	地理标志产品	无核白	地方标准/地理标志产品/敦煌葡萄 DB 62/T 2387—2013
01-32	敦煌葡萄	甘肃	地理标志产品	红地球	地方标准/地理标志产品/敦煌葡萄 DB 62/T 2387—2013
01-33	段园葡萄	安徽	地理标志产品	玫瑰香、巨峰沪太 8 号、夏黑、巨玫瑰、醉金香	地方标准/地理标志产品/段园葡萄 DB 34/T 3331—2019

表 4-2-2　我国现行标准葡萄营养品质数据库营养指标值

编号	产品名称	可溶性固形物/%	总糖/%	总酸/%	固酸比
01-1	璧山葡萄	16.0	—	0.50	32
01-2	吐鲁番葡萄	20.0	—	0.60	33
01-3	玫瑰香葡萄	17.0	15.80	0.50	34
01-4	户县葡萄	18.0	—	0.50	—
01-5	无核白葡萄	22.0	—	0.70	30
01-6	酿酒葡萄	21.0	—	—	—
01-7	酿酒葡萄	21.0	—	—	—
01-8	鲜葡萄	19.0	—	0.40	48
01-9	鲜葡萄	19.0	—	0.70	27
01-10	无核白葡萄	18.0	—	0.60	30
01-11	鲜葡萄	18.0	—	0.45	40
01-12	鲜葡萄	17.0	—	0.53	32
01-13	鲜葡萄	16.0	—	0.50	32
01-14	鲜食葡萄	16.0	—	—	—
01-15	鲜葡萄	15.0	—	0.60	25
01-16	温带水果	14.0		0.70	20
01-17	巨玫瑰葡萄	18.0	—	—	—
01-18	丁庄葡萄	17.0		0.35	49
01-19	丁庄葡萄	16.0	—	0.50	32
01-20	丁庄葡萄	16.0		0.45	36
01-21	夏黑葡萄	18.0	—	0.50	36
01-22	红地球葡萄	15.0	—	—	—
01-23	霞多丽葡萄	20.0	—	0.75	—
01-24	饶阳葡萄	20.0	—	—	—
01-25	饶阳葡萄	17.0	—	—	—
01-26	牛奶葡萄	15.0	—	0.42	36

续表 4-2-2

编号	产品名称	可溶性固形物/%	总糖/%	总酸/%	固酸比
01-27	饶阳葡萄	14.0	—	—	—
01-28	红岩葡萄	18.0	16.00	0.70	26
01-29	钟山葡萄	16.0	10.50	0.70	23
01-30	鲁比葡萄	15.0	—	0.65	23
01-31	敦煌葡萄	23.0	—	0.30	77
01-32	敦煌葡萄	20.0	—	0.40	50
01-33	段园葡萄	15.0	—	0.50	30
最大值		23.0	16.00	0.75	77
最小值		14.0	10.50	0.30	20
平均值		17.6	14.10	0.54	35

注："—"代表对应标准没有该指标数据；固酸比为"可溶性固形物"与"总酸"的比值，无单位。下同。

4.2.2 全国名特优新葡萄营养品质数据库(ZZGG02-02)

名特优新农产品，是指在特定区域(以县域为单元)内生产、具备一定生产规模和商品量、具有显著地域特征和独特营养品质特色、有稳定的供应量和消费市场、公众认知度和美誉度高的农产品。通过查阅我国已登记的名特优新农产品的产品目录，收集包含新疆维吾尔自治区、内蒙古自治区、宁夏回族自治区、陕西省、山西省、河南省、山东省、安徽省、浙江省、四川省、福建省等 11 个省(区)的 30 个名特优新葡萄产品的营养指标检测数据，从中提取可溶性固形物、总糖、总酸、固酸比、维生素 C、钙、铁、锌、硒、花青素、多酚等 11 个营养指标值，形成全国名特优新葡萄营养品质数据库，见表 4-2-3、表 4-2-4。

表 4-2-3 全国名特优新葡萄营养品质数据库(一)

编号	产品名称	区域	县域	颜色或品种
02-1	周宁高山晚熟葡萄	福建	周宁县	紫红色或黑紫色
02-2	阿图什木纳格葡萄	新疆	阿图什市	黄绿色
02-3	嘉祥葡萄	山东	嘉祥县	黄绿色
02-4	大户葡萄	山东	招远市	青黄色
02-5	金安葡萄	安徽	金安区	黄绿色
02-6	济源葡萄	河南	济源市	阳光玫瑰

续表 4-2-3

编号	产品名称	区域	县域	颜色或品种
02-7	夏县葡萄	山西	夏县	紫黑色
02-8	金堂葡萄	四川	金堂县	紫黑色
02-9	长葛葡萄	河南	长葛市	黄绿色
02-10	浦江葡萄	浙江	浦江县	紫黑色
02-11	湾沚葡萄	安徽	芜湖县	黄绿色
02-12	孟津葡萄	河南	孟津县	紫黑色
02-13	偃师葡萄	河南	偃师市	紫黑色
02-14	登封葡萄	河南	登封市	黄绿色
02-15	大泽山葡萄	山东	平度市	紫红色
02-16	福安葡萄	福建	福安市	紫红色或黑紫色
02-17	青铜峡先锋大青葡萄	宁夏	青铜峡市	黄绿色
02-18	洛宁葡萄	河南	洛宁县	阳光玫瑰
02-19	察右前旗葡萄	内蒙古	察哈尔右翼前旗	绿色
02-20	侯镇葡萄	山东	寿光市	紫黑色
02-21	礼泉葡萄	陕西	礼泉县	红褐色
02-22	霍尔果斯葡萄	新疆	霍尔果斯	深红色或紫红色
02-23	大圩葡萄	安徽	包河区	紫黑色
02-24	泾阳葡萄	陕西	泾阳县	紫黑色或红褐色
02-25	丹凤葡萄	陕西	丹凤县	紫红色
02-26	黄麓葡萄	安徽	巢湖市	玫红色
02-27	榆阳葡萄	陕西	榆阳区	红褐色
02-28	襄城葡萄	河南	襄城县	黄绿色
02-29	科尔沁区沙地葡萄	内蒙古	科尔沁区	紫黑色
02-30	宝鸡寨子岭葡萄	陕西	宝鸡高新区	紫黑色

表 4-2-4 全国名特优新葡萄营养品质数据库(二)

编号	产品名称	钙	铁	锌	硒	花青素	多酚	可溶性固形物/%	维生素 C/(mg/100 g)	总糖/%	总酸/%	固酸比
		mg/100 g										
02-1	周宁高山晚熟葡萄	—	—	—	—	14.4	1 170	—	13.30	—	—	58
02-2	阿图什木纳格葡萄	—	0.60	—	—	—	—	—	6.40	18.80	0.32	—
02-3	嘉祥葡萄	—	—	—	—	—	—	24.0	—	—	—	—
02-4	大户葡萄	—	—	—	—	—	—	23.0	—	—	0.38	61
02-5	金安葡萄	—	0.51	—	—	—	—	21.5	—	—	0.29	74
02-6	济源葡萄	—	—	—	0.011	—	—	21.5	4.84	—	0.32	67
02-7	夏县葡萄	15.40	—	—	—	—	—	20.6	—	—	0.50	41
02-8	金堂葡萄	—	—	—	—	12.3	—	20.4	4.70	—	0.28	73
02-9	长葛葡萄	—	—	—	—	—	—	20.3	6.39	17.61	0.27	75
02-10	浦江葡萄	—	—	—	—	—	194	20.2	—	—	0.38	53
02-11	湾沚葡萄	—	—	—	—	—	—	19.7	4.50	—	—	—
02-12	孟津葡萄	—	0.74	—	—	—	—	19.5	—	—	0.70	28
02-13	偃师葡萄	—	0.80	—	—	—	—	19.0	5.12	—	0.59	32
02-14	登封葡萄	—	—	—	—	—	—	19.0	—	—	0.43	44
02-15	大泽山葡萄	—	—	—	—	—	—	18.7	—	—	0.35	53
02-16	福安葡萄	—	—	—	0.006	—	—	18.4	8.20	—	—	—

续表 4-2-4

编号	产品名称	钙	铁	锌	硒	花青素	多酚	可溶性固形物/%	维生素 C/(mg/100 g)	总糖/%	总酸/%	固酸比
		mg/100 g										
02-17	青铜峡先锋大青葡萄	13.80	0.50	—	—	—	—	18.2	5.37	15.20	0.40	46
02-18	洛宁葡萄	—	—	—	0.014	—	—	17.5	—	—	0.25	70
02-19	察右前旗葡萄	—	0.53	—	—	—	—	17.0	9.95	15.60	—	—
02-20	侯镇葡萄	—	—	—	—	—	—	17.0	4.50	—	0.37	46
02-21	礼泉葡萄	18.00	—	—	0.011	—	—	16.8	—	—	0.51	33
02-22	霍尔果斯葡萄	—	—	—	—	—	—	16.5	17.40	—	—	—
02-23	大圩葡萄	—	—	—	—	—	—	15.9	5.00	—	0.56	28
02-24	泾阳葡萄	—	—	—	—	—	—	15.6	—	15.50	0.52	30
02-25	丹凤葡萄	—	2.12	0.74	—	—	—	15.6	3.50	—	0.35	45
02-26	黄麓葡萄	12.10	1.04	—	—	—	—	15.5	—	—	0.25	62
02-27	榆阳葡萄	9.10	—	—	—	—	—	15.4	—	—	—	—
02-28	襄城葡萄	10.15	0.84	—	0.05	—	—	15.3	4.70	—	0.30	51
02-29	科尔沁区沙地葡萄	—	—	—	—	—	—	14.5	—	—	—	—
02-30	宝鸡寨子岭葡萄	11.10	—	—	—	—	—	14.2	4.70	—	—	—
	平均值	12.81	0.85	0.74	0.018 4	13.35	682	18.2	6.79	16.54	0.40	51
	最大值	18.00	2.12	0.74	0.05	14.4	1 170	24.0	17.40	18.80	0.70	75
	最小值	9.10	0.50	0.74	0.006	12.3	194	14.2	3.50	15.20	0.25	28

4.2.3 中国食物成分表葡萄营养品质数据库(ZZGG02-03)

《中国食物成分表 标准版》(第6版/第一册),是由中国疾病预防控制中心营养与健康所编著,北京大学医学出版社出版。此书是全国名特优新农产品营养品质评价鉴定的重要依据。从书中提取葡萄代表值的维生素 C、锌、铁、钙、硒等 5 个营养指标值,作为中国食物成分表葡萄营养品质数据库,见表 4-2-5。

表 4-2-5 中国食物成分表葡萄营养品质数据库 单位:mg/100 g

产品名称	区域	维生素 C	硒	锌	铁	钙
葡萄(代表值)	中国	4.0	0.001 1	0.16	0.40	9.0

4.2.4 美国葡萄营养品质数据库(ZZGG02-04)

通过搜索美国农业部的网站,查阅美国葡萄营养成分数据,提取葡萄代表值的维生素 C、总糖、锌、铁、钙、硒等 6 个营养指标值作为美国葡萄营养品质数据库,见表 4-2-6。

表 4-2-6 美国葡萄营养品质数据库

产品名称	区域	总糖/%	维生素 C/(mg/100g)	硒/(mg/100g)	锌/(mg/100g)	铁/(mg/100g)	钙/(mg/100g)
葡萄(代表值)	美国	15.5	3.2	0.001	0.07	0.36	10.0

4.3 评价结果

4.3.1 感官评价

果品感官品质评价通常包括色泽、外观、质地、气味、滋味、风味和口感等感官属性。主要从穗型、穗粒整齐度、穗粒成熟度、果粒形状、果皮颜色、果肉质地、果肉香味、果肉滋味、有无种子等方面进行描述性评价。最终给予优、优良、良、一般等 4 个等级的综合评价。依次对 W 市 24 个葡萄品种、116 个葡萄样品进行感官评价(见表 4-3-1),评价结果如下:

(1)赤霞珠:穗型圆锥形,穗粒大小整齐,成熟度一致,果粒圆形,果皮蓝黑色、稍涩,果肉质地软、香味无,味道酸甜,有种子。综合评价优。

(2)黑比诺:穗型分枝形,穗粒大小整齐,成熟度一致,果粒圆形,果皮蓝黑色、稍涩,果肉质地软、香味淡,味道酸甜,有种子。综合评价优。

(3)梅鹿辄:穗型圆锥形,穗粒大小整齐,成熟度一致,果粒圆形,果皮蓝黑色、稍涩,果肉质地软、香味无,味道酸甜,有种子。综合评价优。

(4)阳光玫瑰:穗型圆锥形或圆柱形,穗粒大小整齐,成熟度一致,果粒近圆形或圆形,果皮黄绿色、稍涩,果肉质地较脆、香味浓,味道甜,有种子。综合评价优。

表 4-3-1　W 市葡萄感官评价

品种	穗型	穗粒整齐度	穗粒成熟度	果粒形状	果皮颜色	果肉质地	果肉香味	果肉滋味	有无种子	综合评价
赤霞珠	圆锥形	整齐	一致	圆形	蓝黑色	软	无	酸甜	有	优
黑比诺	分枝形	整齐	一致	圆形	蓝黑色	软	淡	酸甜	有	优
梅鹿辄	圆锥形	整齐	一致	圆形	蓝黑色	软	无	酸甜	有	优
巨峰	圆柱/圆锥形	整齐	一致	圆形/椭圆形	紫黑色	软	较浓	酸甜	有	优
巨玫瑰	圆柱/圆锥形	整齐	一致	圆形/椭圆形	紫黑色	软	浓	酸甜	有	优
玫瑰香	圆锥/分枝形	整齐	一致	近圆形	红紫/紫黑色	软	浓	偏甜	有	优
夏黑	圆锥形	整齐	一致	近圆形	蓝黑/紫黑色	较脆	淡	偏甜	无	优
阳光玫瑰	圆柱/圆锥形	整齐	一致	近圆形/圆形	黄绿色	较脆	浓	甜	有	优
红地球	圆柱/圆锥形	较整齐	一致	圆形/椭圆形	粉红/紫红色	较脆	无	偏甜	有	优/优良
美人指	圆锥/分枝形	整齐	一致	长圆形	紫红/红紫色	脆	无	酸甜	有	优/优良
维多利亚	圆锥/分枝形	整齐	一致	椭圆形	绿黄色	较软	无	酸甜	有	优/优良
无核紫	圆锥形	不整齐	不一致	圆形/椭圆形	红紫/紫黑色	较脆	无	偏甜	无	优/优良

续表 4-3-1

品种	穗型	穗粒整齐度	穗粒成熟度	果粒形状	果皮颜色	果肉质地	果肉香味	果肉滋味	有无种子	综合评价
森田尼无核	圆柱/圆锥形	整齐	一致	长椭圆形	绿黄色	较脆	淡	酸甜	有	优良
里扎马特	圆锥/分枝形	不整齐	不一致	长圆柱形	粉红/紫红色	脆	无	偏甜	有	优良
红无核	圆锥/分枝形	不整齐	不一致	圆形/椭圆形	粉红/紫红色	较脆	无	酸甜	无	优良/良
火焰无核	圆锥形/分枝形	不整齐	不一致	圆形	粉红/紫红色	较脆	无	偏甜	无	优良/良
京早晶	圆锥形	不整齐	不一致	卵圆形	绿黄	较脆	无	偏甜	无	优良/良
无核白	圆柱、圆锥/分枝形	不整齐	一致	椭圆形	绿黄色	较脆	无	偏甜	无	优良/良
蓝宝石	圆柱形	整齐	一致	长圆柱形	红紫色	软	无	酸甜	有	良
密光	圆锥形	不整齐	不一致	圆形	紫红/红紫色	较脆	无	酸甜	有	良
奥古斯特	圆柱/圆锥形	不整齐	一致	圆形/椭圆形	绿黄色	较脆	无	酸甜	有	良
摩尔多瓦	圆锥形	整齐	一致	卵圆形	蓝黑色	软	无	偏酸	有	良
夏至红	圆锥/分枝形	不整齐	不一致	圆形	粉红/暗红色	脆	无	酸甜	有	良
龙眼	圆锥/分枝形	不整齐	不一致	圆形	绿色/粉红色	软	无	偏酸	有	良/一般

(5)巨峰：穗型圆柱形或圆锥形，穗粒大小整齐，成熟度一致，果粒圆形或椭圆形，果皮紫黑色、稍涩，果肉质地软、香味较浓，味道酸甜，有种子。综合评价优。

(6)巨玫瑰：穗型圆柱形或圆锥形，穗粒大小整齐，成熟度一致，果粒圆形或椭圆形，果皮紫黑色、稍涩，果肉质地软、香味浓，味道酸甜，有种子。综合评价优。

(7)玫瑰香：穗型圆锥形或分枝形，穗粒大小整齐，成熟度一致，果粒近圆形，果皮红紫色或紫黑色、稍涩，果肉质地软、香味浓，味道偏甜，有种子。综合评价优。

(8)夏黑：穗型圆锥形，穗粒大小整齐，成熟度一致，果粒近圆形，果皮蓝黑色或紫黑色、稍涩，果肉质地较脆、香味淡，味道偏甜，无种子。综合评价优。

(9)红地球：穗型圆柱或圆锥形，穗粒大小较整齐，成熟度一致，果粒圆形或椭圆形，果皮粉红色或紫红色、稍涩，果肉质地较脆、无香味，味道偏甜，有种子。综合评价优或优良。

(10)美人指：穗型圆锥形或分枝形，穗粒大小整齐，成熟度一致，果粒长圆形，果皮红紫色或紫红色、稍涩，果肉质地脆、香味无，味道酸甜，有种子。综合评价优或优良。

(11)维多利亚：穗型圆锥形或分枝形，穗粒大小整齐，成熟度一致，果粒椭圆形，果皮绿黄色、稍涩，果肉质地较软、香味无，味道酸甜，有种子。综合评价优或优良。

(12)无核紫：穗型圆锥形，穗粒大小不整齐，成熟度不一致，果粒圆形或椭圆形，果皮红紫色或紫黑色、稍涩，果肉质地较脆、香味无，味道偏甜，无种子。综合评价优或优良。

(13)森田尼无核：穗型圆锥形或圆柱形，穗粒大小整齐，成熟度一致，果粒长椭圆形，果皮绿黄色、稍涩，果肉质地较脆、香味淡，味道酸甜，有种子。综合评价优良。

(14)里扎马特：穗型圆锥形或分枝形，穗粒大小不整齐，成熟度不一致，果粒长圆柱形，果皮粉红色或紫红色、稍涩，果肉质地脆、香味无，味道偏甜，有种子。综合评价优良。

(15)红无核：穗型圆锥形或分枝形，穗粒大小不整齐，成熟度不一致，果粒圆形或椭圆形，果皮粉红色或紫红色、稍涩，果肉质地较脆、无香味，味道酸甜，无种子。综合评价优良或良。

(16)火焰无核：穗型圆锥形或分枝形，穗粒大小不整齐，成熟度不一致，果粒圆形，果皮粉红色或紫红色、稍涩，果肉质地较脆、无香味，味道偏甜，无种子。综合评价优良或良。

(17)京早晶：穗型圆锥形，穗粒大小不整齐，成熟度不一致，果粒卵圆形，果皮绿黄色、稍涩，果肉质地较脆、无香味，味道偏甜，无种子。综合评价优良或良。

(18)无核白：穗型圆锥形、圆柱形或分枝形，穗粒大小不整齐，成熟度一致，果粒椭圆形，果皮绿黄色、稍涩，果肉质地较脆、香味无，味道偏甜，无种子。综合评价优良或良。

(19)蓝宝石：穗型圆柱形，穗粒大小整齐，成熟度一致，果粒长圆柱形，果皮红紫色、稍涩，果肉质地软、香味无，味道酸甜，有种子。综合评价良。

(20)密光：穗型圆锥形，穗粒大小不整齐，成熟度不一致，果粒圆形，果皮红紫色或紫红色、稍涩，果肉质地较脆、香味无，味道酸甜，有种子。综合评价良。

(21)奥古斯特：穗型圆柱或圆锥形，穗粒大小不整齐，有果锈，成熟度一致，果粒圆形或椭圆形，果皮绿黄色、稍涩，果肉质地较脆、无香味，味道酸甜，有种子。综合评价良。

(22)摩尔多瓦：穗型圆锥形，穗粒大小整齐，成熟度一致，果粒卵圆形，果皮蓝黑色、稍涩，果肉质地软、香味无，味道偏酸，有种子。综合评价良。

(23)夏至红：穗型圆锥形或分枝形，穗粒大小不整齐，成熟度不一致，果粒圆形，果皮粉红色或暗红色、稍涩，果肉质地脆、香味无，味道酸甜，有种子。综合评价良。

（24）龙眼：穗型圆锥形或分枝形，穗粒大小不整齐，成熟度不一致，果粒圆形，果皮绿色或粉红色、稍涩，果肉质地软、香味无，味道偏酸，有种子。综合评价良或一般。

4.3.2 可溶性固形物含量分析

4.3.2.1 整体情况

可溶性固形物含量代表着糖、有机酸等水溶性且非挥发性化合物的含量，其含量的高低是影响葡萄口感的因素之一。针对露地和设施共有的4个葡萄品种的可溶性固形物含量分别进行方差分析，结果显示，露地和设施栽培葡萄的可溶性固形物含量均无显著性差异，因此将对116个葡萄样品统一进行比较分析（见表4-3-2）。W市葡萄样品平均可溶性固形物含量为21.4%，最高值可达28.4%，最低值为15.5%。对其概率分布分析，可溶性固形物含量范围为18.1%~23.0%的样品有83个，比例最多，累积占比为71.6%，可溶性固形物含量18.1%以上的样品分布频率占整体的93.1%。

表4-3-2 W市葡萄样品可溶性固形物含量的概率分布

可溶性固形物/%	个数/个	百分比/%	累积百分比/%
27.1~28.4	1	0.9	0.9
26.1~27.0	5	4.3	5.2
25.1~26.0	7	6.0	11.2
24.1~25.0	7	6.0	17.2
23.1~24.0	5	4.3	21.6
22.1~23.0	18	15.5	37.1
21.1~22.0	16	13.8	50.9
20.1~21.0	14	12.1	62.9
19.1~20.0	15	12.9	75.9
18.1~19.0	20	17.2	93.1
17.1~18.0	3	2.6	95.7
15.5~17.0	5	4.3	100.0

4.3.2.2 不同品种可溶性固形物含量比较

24个葡萄品种的可溶性固形物含量分别取平均值，如图4-3-1所示，可溶性固形物含量<20.0%的品种数量为5个，占比20.8%，按含量值从小到大依次为蓝宝石、奥古斯特、红地球、维多利亚、龙眼；可溶性固形物含量范围20.0%~21.9%的品种数量为9个，占比37.5%，按含量值从小到大依次为摩尔多瓦、红无核、里扎马特、森田尼无核、夏至红、美人指、巨峰、阳光玫瑰、夏黑；可溶性固形物≥22.0%的品种数量为10个，占比41.7%，按含

量值从小到大依次为玫瑰香、密光、巨玫瑰、黑比诺、火焰无核、梅鹿辄、无核紫、无核白、京早晶、赤霞珠。

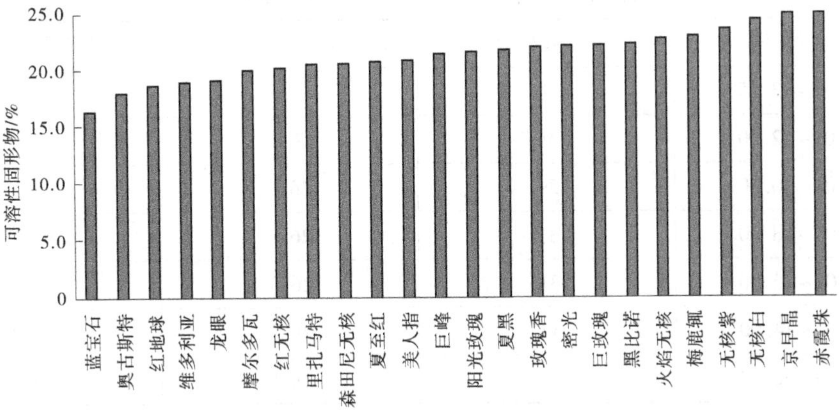

图 4-3-1　W 市不同品种葡萄样品的可溶性固形物含量分析

4.3.2.3　与不同数据库数据比较

1. 与我国现行标准葡萄营养品质数据库比较

我国现行标准葡萄营养品质数据库中可溶性固形物的含量最高值为 23.0%，最低值为 14.0%，平均值为 17.6%。而 W 市葡萄样品最高值可达 28.4%，最低值为 15.5%，平均值为 21.4%，其平均值是现行标准平均值的 1.22 倍，仅有 8 个样品的可溶性固形物低于 17.6%，即有 93.1%的 W 市葡萄样品可溶性固形物含量超过我国现行标准葡萄营养品质数据库平均值。说明 W 市葡萄可溶性固形物含量整体高于我国现行标准葡萄营养品质数据库。

2. 与全国名特优新葡萄营养品质数据库比较

全国名特优新葡萄营养品质数据库中可溶性固形物的最高值为 24.0%，最低值为 14.2%，平均值为 18.2%。而 W 市葡萄样品最高值可达 28.4%，最低值为 15.5%，平均值为 21.4%，其平均值是现行标准平均值的 1.18 倍，仅有 9 个样品的可溶性固形物低于 17.6%，即有 92.2%的 W 市葡萄样品可溶性固形物含量超过全国名特优新葡萄营养品质数据库平均值。说明 W 市葡萄可溶性固形物含量整体高于全国名特优新葡萄营养品质数据库。

4.3.3　总糖含量分析

4.3.3.1　整体分析

葡萄果实中总糖（可溶性糖）是葡萄果实甜味的呈味物质，主要包括葡萄糖、果糖和蔗糖，是葡萄品质的重要构成性状之一，也是影响葡萄风味的重要因素。针对露地和设施共有的 4 个葡萄品种的总糖含量分别进行方差分析，结果显示，露地和设施栽培葡萄的总糖含量均无显著性差异。因此，以下将对 116 个葡萄样品统一进行比较分析（见表 4-3-3）。W 市葡萄样品平均总糖含量为 17.06%，最高值可达 23.25%，最低值为

11.25%。对其概率分布进行分析，总糖含量范围为14.01%~20.00%的样品数量最多为91个，累积占比78.4%，总糖含量在14.01%以上的样品分布频率占整体的89.7%。

表 4-3-3 W市葡萄样品总糖含量的概率分布

总糖含量范围/%	个数/个	百分比/%	累积百分比/%
22.01~23.25	4	3.4	3.4
20.01~22.00	9	7.8	11.2
18.01~20.00	29	25.0	36.2
16.01~18.00	31	26.7	62.9
14.01~16.00	31	26.7	89.7
12.01~14.00	11	9.5	99.1
11.25~12.00	1	0.9	100.0

4.3.3.2 不同品种总糖含量比较

24个葡萄品种的总糖含量分别取平均值(见图4-3-2)，总糖含量<15.00%的品种数量为4个，占比16.7%，按含量值从小到大依次为蓝宝石、奥古斯特、黑比诺、红地球；总糖含量范围15.00%~17.00%的品种数量为9个，占比37.5%，按含量值从小到大依次为龙眼、维多利亚、摩尔多瓦、红无核、巨玫瑰、密光、里扎马特、森田尼无核、美人指；总糖含量范围17.01%~19.00%的品种数量为6个，占比25.0%，按含量值从小到大依次为夏黑、夏至红、玫瑰香、阳光玫瑰、巨峰、火焰无核；总糖含量范围19.01%~22.00%的品种数量为5个，占比20.8%，按含量值从小到大依次为无核紫、赤霞珠、无核白、京早晶、梅鹿辄。

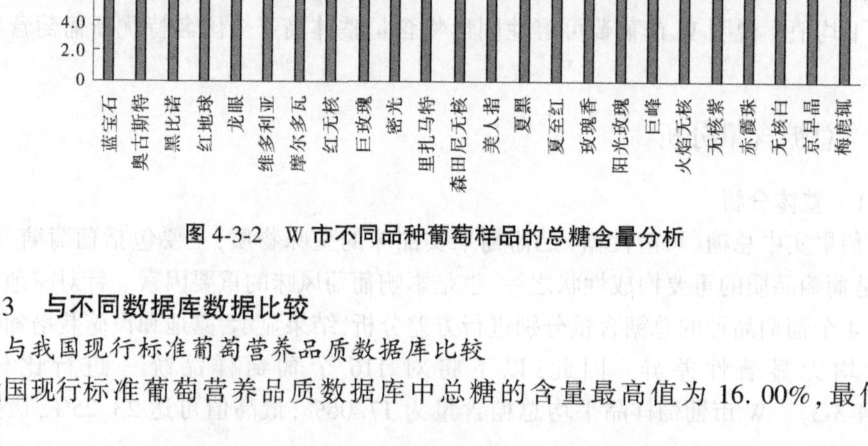

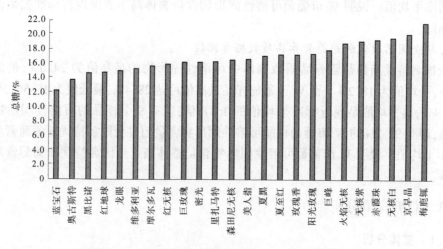

图 4-3-2 W市不同品种葡萄样品的总糖含量分析

4.3.3.3 与不同数据库数据比较

1. 与我国现行标准葡萄营养品质数据库比较

我国现行标准葡萄营养品质数据库中总糖的含量最高值为16.00%，最低值为

10.50%,平均值为14.10%。而W市葡萄样品最高值可达23.25%,最低值为11.25%,平均值为17.06%,仅有12个样品的总糖含量低于14.10%,即89.7%的W市葡萄样品总糖含量超过我国现行标准葡萄营养品质数据库平均值,说明W市葡萄总糖含量整体高于我国现行标准葡萄营养品质数据库。

2. 与全国名特优新葡萄营养品质数据库比较

全国名特优新葡萄营养品质数据库中总糖的最高值为18.80%,最低值为15.20%,平均值为16.54%。而W市葡萄样品最高值可达23.25%,最低值为11.25%,平均值为17.06%,有64个样品的总糖含量高于16.54%,即55.2%的W市葡萄样品总糖含量超过全国名特优新葡萄营养品质数据库平均值,说明W市葡萄总糖含量整体稍高于全国名特优新葡萄营养品质数据库。

4.3.4　总酸含量分析

4.3.4.1　整体分析

葡萄果实的总酸(可滴定酸)是葡萄酸味的呈味物质,柠檬酸和酒石酸占总酸含量的90%以上,决定着葡萄的酸度,是影响葡萄风味的重要因素。针对露地和设施共有的4个葡萄品种的总酸含量分别进行方差分析,结果显示,露地和设施栽培葡萄的总酸含量均无显著性差异。因此,以下将对116个葡萄样品统一进行比较分析(见表4-3-4)。W市葡萄样品平均总酸含量为0.52%,最高值达0.93%,最低值为0.24%。对其概率分布分析,总酸含量范围为0.51%~0.60%的比例最多,占比30.2%,总酸含量范围为0.31%~0.40%、范围为0.41%~0.50%以及范围为0.61%~0.70%的比例均在20%上下,分布较为平均,总酸含量在0.70%以下的样品分布频率占整体的94.0%。

表4-3-4　W市葡萄样品总酸含量的概率分布

总酸含量范围/%	个数/个	百分比/%	累积百分比/%
0.24~0.30	7	6.0	6.0
0.31~0.40	21	18.1	24.1
0.41~0.50	22	19.0	43.1
0.51~0.60	35	30.2	73.3
0.61~0.70	24	20.7	94.0
0.71~0.80	5	4.3	98.3
0.81~0.93	2	1.7	100.0

4.3.4.2　不同品种总酸含量比较

24个葡萄品种的总酸含量分别取平均值,如图4-3-3所示,总酸含量<0.40%的品种数量为3个,占比12.5%,按含量值从小到大依次为阳光玫瑰、里扎马特、夏至红;总酸含量范围0.40%~0.49%的品种数量为6个,占比25.0%,按含量值从小到大依次为维多利

亚、奥古斯特、京早晶、红地球、夏黑、红无核；总酸含量范围0.50%~0.59%的品种数量最多为10个，占比41.7%，按含量值从小到大依次为火焰无核、森田尼无核、蓝宝石、密光、玫瑰香、无核白、无核紫、美人指、梅鹿辄、巨玫瑰；总酸≥0.60%的品种数量为5个，占比20.8%，按含量值从小到大依次为巨峰、黑比诺、赤霞珠、摩尔多瓦、龙眼。

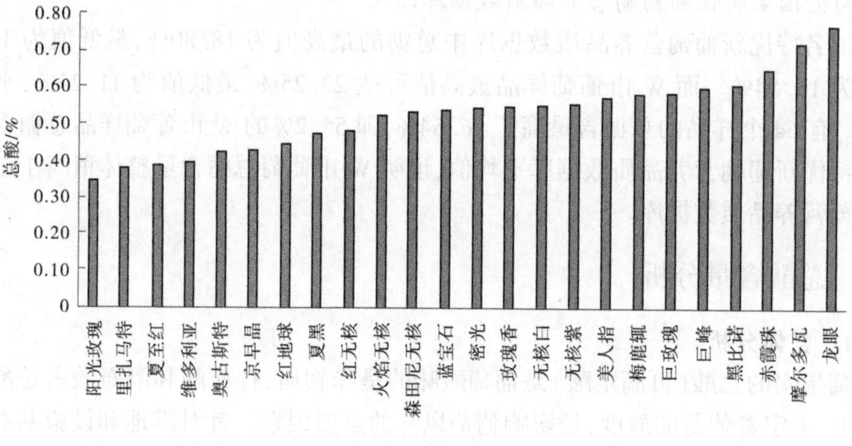

图4-3-3　W市不同品种葡萄样品总酸含量分析

4.3.4.3　与不同数据库数据比较

1. 与我国现行标准葡萄营养品质数据库比较

我国现行标准葡萄营养品质数据库中总酸的含量最高值为0.75%，最低值为0.30%，平均值为0.54%。W市葡萄总酸最高值为0.93%，最低值为0.24%，平均值为0.52%，其中总酸含量大于0.70%的7个样品包含3个品种，即赤霞珠、龙眼、摩尔多瓦，其他94.0%的样品总酸含量与我国现行标准葡萄营养品质数据库整体相符，说明W市葡萄总酸含量适中。

2. 与全国名特优新葡萄营养品质数据库比较

全国名特优新葡萄营养品质数据库中总酸的最高值为0.70%，最低值为0.25%，平均值为0.40%。W市葡萄总酸最高值为0.93%，最低值为0.24%，平均值为0.52%，75.9%的葡萄样品总酸含量高于全国名特优新葡萄营养品质数据库平均值，低于最高值，说明W市葡萄总酸含量稍高于全国名特优新葡萄营养品质数据库。

4.3.5　固酸比分析

4.3.5.1　整体分析

随着水果的成熟，其中的可溶性固形物含量升高而酸的含量减少，水果风味得到较大提升，因此在园艺学中，常用可溶性固形物和可滴定酸含量的比值(简称固酸比)来评价水果果实风味和成熟程度。葡萄的风味即主要取决于这一指标，且固酸比值越高，葡萄甜味越明显。针对露地和设施共有的4个葡萄品种的固酸比分别进行方差分析，结果显示，露地和设施栽培葡萄的固酸比均无显著性差异。因此，以下将对116个葡萄样品统一进行比较分析(见表4-3-5)。W市葡萄样品平均总固酸比为43.9，最高值达79.6，最低值为

20.9。对其概率分布分析,固酸比范围 30.1~50.0 的样品比例最多,共 76 个样品,占比 65.5%,固酸比范围 50.1~60.0 的样品有 20 个,占比 17.2%,以上的样品分布频率占整体的 82.7%。

表 4-3-5　W 市葡萄样品固酸比的概率分布

固酸比范围	个数/个	百分比/%	累积百分比/%
70.1~79.6	5	4.3	4.3
60.1~70.0	5	4.3	8.6
50.1~60.0	20	17.2	25.9
40.1~50.0	35	30.2	56.0
30.1~40.0	41	35.3	91.4
20.9~30.0	10	8.6	100

4.3.5.2　不同品种固酸比比较

24 个葡萄品种的固酸比分别取平均值,如图 4-3-4 所示,固酸比<30 的品种数量为 2 个,占比 8.3%,按含量值从小到大依次为龙眼、摩尔多瓦;固酸比范围 30.0~39.9 的品种数量为 8 个,占比 33.3%,按含量值从小到大依次为蓝宝石、巨峰、美人指、黑比诺、巨玫瑰、赤霞珠、森田尼无核、梅鹿辄;固酸比范围 40.0~49.9 的品种数量 10 个,占比 41.7%,按含量值从小到大依次为玫瑰香、密光、红地球、红无核、无核紫、奥古斯特、火焰无核、无核白、夏黑、维多利亚;固酸比范围 50.0~59.9 的品种数量为 3 个,占比 12.5%,按含量值从小到大依次为里扎马特、夏至红、京早晶;固酸比大于 60 的品种为阳光玫瑰。

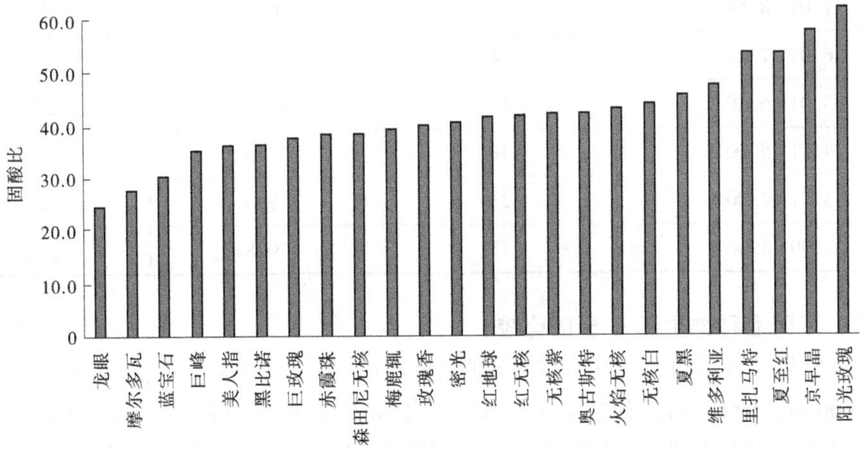

图 4-3-4　W 市不同品种葡萄样品固酸比分析

4.3.5.3　与不同数据库数据比较

1. 与我国现行标准葡萄营养品质数据库比较

我国现行标准葡萄营养品质数据库中固酸比最高值为 77,最低值为 20.0,平均值为

35.0。W 市葡萄样品固酸比最高值达 79.6，最低值为 20.9，平均值为 43.9，其平均值是我国现行标准葡萄营养品质数据库平均值的 1.25 倍，有 86 个葡萄样品（占比 74.1%）固酸比高于我国现行标准葡萄营养品质数据库平均值，说明 W 市葡萄固酸比整体高于我国现行标准葡萄营养品质数据库平均值。

2. 与全国名特优新葡萄营养品质数据库比较

全国名特优新葡萄营养品质数据库中固酸比的最高值为 75，最低值为 28，平均值为 51。W 市葡萄样品最高值达 79.6，最低值为 20.9，平均值为 43.9，有 25%的 W 市葡萄样品固酸比值高于全国名特优新葡萄营养品质数据库平均值，说明 W 市葡萄固酸比稍低于全国名特优新葡萄营养品质数据库。

4.3.6　维生素 C 含量分析

4.3.6.1　整体分析

维生素 C 具有防治坏血酸的功能，所以又叫抗坏血酸，是一种水溶性维生素。维生素 C 可促进人体内抗体的形成，增强人体的免疫功能。针对露地和设施共有的 4 个葡萄品种的维生素 C 分别进行方差分析，结果显示，露地和设施栽培葡萄的维生素 C 均无显著性差异。因此，以下将对 116 个葡萄样品统一进行比较分析（见表 4-3-6）。W 市葡萄样品维生素 C 平均值为 4.36 mg/100 g，最高值为 8.58 mg/100 g，最低值为 1.90 mg/100 g。对其概率分布进行分析，维生素 C 含量范围为 4.01~5.00 mg/100 g 的样品数量最多，为 38 个，占比 32.8%，维生素 C 含量大于 3.00 mg/100 g 的样品数量为 93 个，分布频率占整体的 80.2%。

表 4-3-6　W 市葡萄样品维生素 C 的概率分布

维生素 C 含量范围/（mg/100 g）	个数/个	百分比/%	累积百分比/%
7.01~8.58	2	1.7	1.7
6.01~7.00	14	12.1	13.8
5.01~6.00	16	13.8	27.6
4.01~5.00	38	32.8	60.4
3.01~4.00	23	19.8	80.2
1.90~3.00	23	19.8	100.0

4.3.6.2　不同品种维生素 C 含量比较

24 个葡萄品种的维生素 C 含量分别取平均值，如图 4-3-5 所示，维生素 C 含量范围 2.01~3.00 mg/100 g 的品种数量为 4 个，占比 16.7%，按含量值从小到大依次为里扎马特、摩尔多瓦、龙眼、红地球；维生素 C 含量范围 3.01~4.00 mg/100 g 的品种数量为 6 个，占比 25.0%，按含量值从小到大依次为夏至红、蓝宝石、黑比诺、美人指、红无核、巨玫瑰；维生素 C 含量范围 4.01~5.00 mg/100 g 的品种数量为 7 个，占比 29.2%，按含量值从小到大依次为奥古斯特、无核紫、玫瑰香、梅鹿辄、火焰无核、维多利亚、森田尼无核；维生素 C 含量大于 5.00 mg/100 g 的品种数量为 7 个，占比 29.2%，按含量值从小到大依次为阳光玫瑰、京早晶、巨峰、夏黑、无核白、赤霞珠、密光。

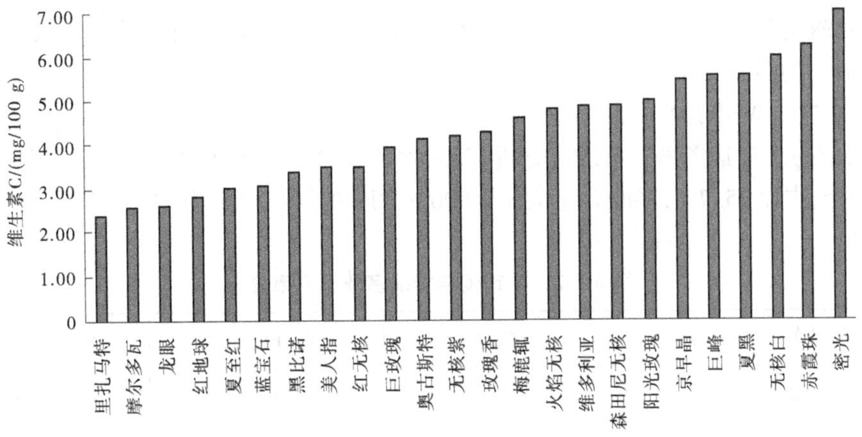

图 4-3-5　W 市不同品种葡萄样品维生素 C 分析

4.3.6.3　与不同数据库数据比较

1. 与我国现行标准葡萄营养品质数据库比较

我国现行标准葡萄营养品质数据库中无此指标数据。

2. 与全国名特优新葡萄营养品质数据库比较

全国名特优新葡萄营养品质数据库中维生素 C 的最高值为 17.4 mg/100 g,最低值为 3.50 mg/100 g,平均值为 6.79 mg/100 g。W 市葡萄样品维生素 C 含量最高值为 8.58 mg/100 g,最低值为 1.90 mg/100 g,平均值为 4.36 mg/100 g,6.0%的葡萄样品维生素 C 含量高于全国名特优新葡萄营养品质数据库平均值,所以 W 市葡萄维生素 C 含量略低于全国名特优新葡萄营养品质数据库。

3. 与中国食物成分表葡萄营养品质数据库比较

中国食物成分表葡萄营养品质数据库中,葡萄代表值的维生素 C 含量为 4.00 mg/100 g,W 市葡萄样品的维生素 C 平均值为 4.36 mg/100 g,有 60.4%的 W 市葡萄样品维生素 C 含量高于中国食物成分表葡萄营养品质数据库。

4. 与美国葡萄营养品质数据库比较

美国葡萄营养品质数据库中,葡萄代表值的维生素 C 含量为 3.20 mg/100 g,W 市葡萄样品的维生素 C 平均值为 4.36 mg/100 g,有 75.9%的 W 市葡萄样品维生素 C 含量高于美国葡萄营养品质数据库。

4.3.7　多酚含量分析

4.3.7.1　整体分析

多酚是一类多元酚化合物,其重要功能是抗氧化,清除自由基,又能与 VC、VE 等多种抗氧化剂有协同作用。葡萄的多酚物质主要存在于果皮和种子中,其含量与涩味具有一定正相关性,多酚含量越高,代表涩味越大。对于酿酒品种来说,多酚物质可用于增强葡萄酒结构感。对于鲜食葡萄来说,多酚物质的功能具有两面性,果实多酚含量低或者去皮去籽食用时,涩味相对越小,但是抗氧化性随之变弱。

针对露地和设施共有的4个葡萄品种的多酚分别进行方差分析,结果显示,露地和设施栽培葡萄的多酚均无显著性差异。因此,以下将对116个葡萄样品统一进行比较分析(见表4-3-7)。W市葡萄样品多酚平均值为1 200 mg/kg,最高值为5 270 mg/kg,最低值为209 mg/kg。对其概率分布进行分析,多酚含量范围为500~1 100 mg/kg的样品数量最多为53个,占比45.7%,多酚含量大于2 000 mg/kg的样品数量为11个,分布频率占整体的9.5%。

表4-3-7 W市葡萄样品多酚的概率分布

多酚含量范围/(mg/kg)	个数/个	百分比/%	累积百分比/%
>2 000	11	9.5	9.5
1 701~2 000	8	6.9	16.4
1 401~1 700	16	13.8	30.2
1 101~1 400	13	11.2	41.4
800.1~1 100	24	20.7	62.1
500.1~800.0	29	25.0	87.1
209.0~500.0	15	12.9	100.0

4.3.7.2 不同品种多酚含量比较

24个葡萄品种的多酚含量分别取平均值,如图4-3-6所示,多酚含量范围500.1~800.0 mg/kg的品种数量为6个,占比25.0%,主要为无核品种,按含量值从小到大依次为无核白、红无核、京早晶、森田尼无核、阳光玫瑰、蓝宝石;多酚含量范围800.1~1 200 mg/kg的品种数量为8个,占比33.3%,按含量值从小到大依次为里扎马特、奥古斯特、无核紫、维多利亚、龙眼、红地球、夏至红、火焰无核;多酚含量范围1 201~1 800 mg/kg的品种数量为6个,占比25.0%,按含量值从小到大依次为密光、夏黑、美人指、巨峰、玫瑰香、巨玫瑰;多酚含量大于1 801 mg/kg的品种数量4个,占比16.7%,主要为酿酒品种,按含量值从小到大依次为摩尔多瓦、梅鹿辄、黑比诺、赤霞珠。

4.3.7.3 与不同数据库数据比较

(1)与全国名特优新葡萄营养品质数据库比较:全国名特优新葡萄营养品质数据库中仅有2个葡萄产品测定多酚,含量值分别为11 700 mg/kg和1 940 mg/kg,两个产品含量差异较大,选择较小值进行比较。W市葡萄样品多酚平均值为1 200 mg/kg,最高值为5 270 mg/kg,最低值为209 mg/kg。W市葡萄有13个样品多酚含量高于全国名特优新葡萄营养品质数据库(1 940 mg/kg),占比11.2%。

(2)我国现行标准葡萄营养品质数据库、中国食物成分表葡萄营养品质数据库和美国葡萄营养品质数据库中无此指标数据。

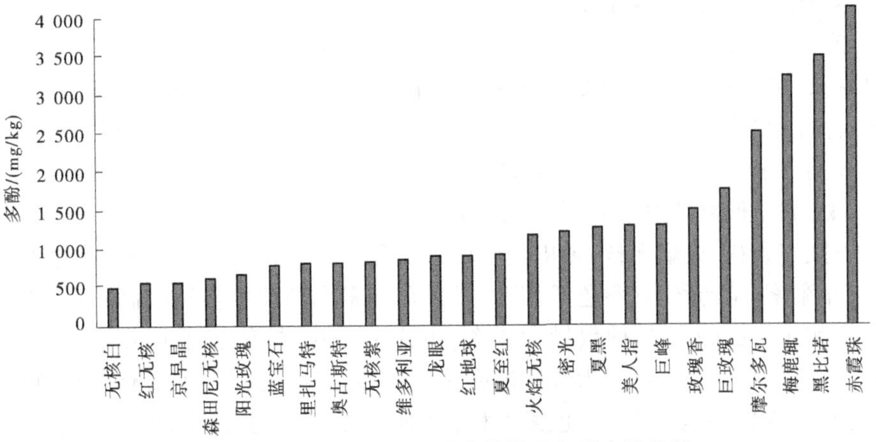

图 4-3-6　W 市不同品种葡萄样品多酚含量分析

4.3.8　花青素含量分析

4.3.8.1　整体分析

花青素是一类水溶性天然色素,属黄酮类化合物,葡萄果皮的主要着色色素,具有很强的抗氧化、抗癌活性。以天竺葵色素、矢车菊素、飞燕草色素、芍药素、矮牵牛色素及锦葵色素六种为主。花青素含量越高,代表葡萄果皮颜色越深。针对露地和设施共有的 4 个葡萄品种的花青素分别进行方差分析,结果显示,露地和设施栽培葡萄的花青素均无显著性差异。因此,以下将对 116 个葡萄样品统一进行比较分析(见表 4-3-8)。W 市葡萄样品花青素种类主要为矢车菊素、飞燕草色素、芍药素、矮牵牛色素及锦葵色素,芍药素均未检出。花青素平均值为 55.41 mg/kg,最高值为 309.3 mg/kg,最低值为 3.88 mg/kg。对其概率分布进行分析,花青素含量范围为 3.88~40.00 mg/kg 的样品数量最多为 76 个,占比 65.5%;花青素含量范围为 40.01~80.00 mg/kg 的样品数量为 14 个,占比 12.1%;花青素含量大于 200 mg/kg 的样品数量为 8 个,分布频率占整体的 6.9%。

表 4-3-8　W 市葡萄样品花青素含量的概率分布

花青素含量范围/(mg/kg)	个数/个	百分比/%	累积百分比/%
3.88~40.00	76	65.5	65.5
40.01~80.00	14	12.1	77.6
80.01~120.0	9	7.8	85.4
120.1~160.0	4	3.4	88.8
160.1~200.0	5	4.3	93.1
200.1~240.0	3	2.6	95.7
240.1~280.0	3	2.6	98.3
280.1~309.3	2	1.7	100.0

4.3.8.2 不同品种花青素含量比较

24个葡萄品种的花青素含量分别取平均值,如图4-3-7、图4-3-8所示,花青素含量范围为5.00~15.00 mg/kg的品种数量为7个,占比28.2%,按值从小到大依次为无核白、阳光玫瑰、京早晶、维多利亚、森田尼无核、奥古斯特、龙眼,果皮颜色均为黄绿色,花青素的种类主要有飞燕草色素和矢车菊素两种,以矢车菊素为主;花青素含量范围16.00~30.00 mg/kg的品种数量为6个,占比25.0%,按值从小到大依次为里扎马特、夏至红、红无核、红地球、美人指、火焰无核,果皮颜色均为红色或紫红色,花青素的种类主要有飞燕草色素、矢车菊素、芍药素、锦葵色素四种,以矢车菊素和芍药素占比较高;花青素含量范围50.00~100.0 mg/kg的品种数量为4个,占比16.7%,按值从小到大依次为密光、巨峰、玫瑰香、巨玫瑰,果皮颜色多为红紫色或紫黑色,花青素的种类主要有飞燕草色素、矢车菊素、芍药素、锦葵色素、矮牵牛色素五种,以锦葵色素、芍药素和矢车菊素占比较高;花青素含量范围100.1~120.0 mg/kg的品种数量为3个,占比12.5%,按值从小到大依次为夏黑、无核紫、蓝宝石,果皮颜色多为蓝黑色,花青素的种类主要有飞燕草色素、矢车菊素、芍药素、锦葵色素、矮牵牛色素五种,其中锦葵色素占比约50%,其他四种含量相对平均;花青素含量范围180.0~260.0 mg/kg的品种数量为4个,占比16.7%,按值从小到大依次为黑比诺、赤霞珠、梅鹿辄、摩尔多瓦,为酿酒葡萄品种,果皮颜色均为蓝黑色或偏黑色,花青素的种类主要有飞燕草色素、矢车菊素、芍药素、锦葵色素、矮牵牛色素五种,其中锦葵色素占比约50%,其他四种含量相对平均。

4.3.8.3 与不同数据库数据比较

1. 与全国名特优新葡萄营养品质数据库比较

花青素的含量与葡萄果品颜色具有密切的相关性。全国名特优新葡萄营养品质数据库中仅有2个葡萄产品测定花青素,葡萄样品果皮为黑紫色,含量值分别为144 mg/kg和123 mg/kg,平均值为134 mg/kg;W市葡萄样品中,品种特性为黑紫色果皮的样品数计36个,其中有17个样品花青素含量高于全国名特优新葡萄营养品质数据库平均值,占比47.2%。

2. 与中国食物成分表葡萄营养品质数据库比较

中国食物成分表葡萄营养品质数据库中葡萄样品仅有飞燕草色素、矢车菊素和芍药素的含量值,没有锦葵色素和矮牵牛色素含量值,故不作为参考值进行比较。

4.3.9 钙元素含量分析

4.3.9.1 整体分析

钙元素为每日膳食需要量在100 mg以上的常量元素,主要功能是维持强健的骨骼和健康的牙齿。针对露地和设施共有的4个葡萄品种的钙元素分别进行方差分析,结果显示,露地和设施栽培葡萄的钙元素均无显著性差异。因此,以下将对116个葡萄样品统一进行比较分析(见表4-3-9)。W市葡萄样品钙元素平均值为59.8 mg/kg,最高值为198 mg/kg,最低值为13.7 mg/kg。对其概率分布进行分析,钙元素含量范围为30.1~60.0 mg/kg的样品数量最多为60个,占比51.7%;钙元素含量范围为60.1~90.0 mg/kg的样品数量为34个,占比29.3%;钙元素含量范围为13.7~90.0 mg/kg的样品分布频率占整体的89.6%。

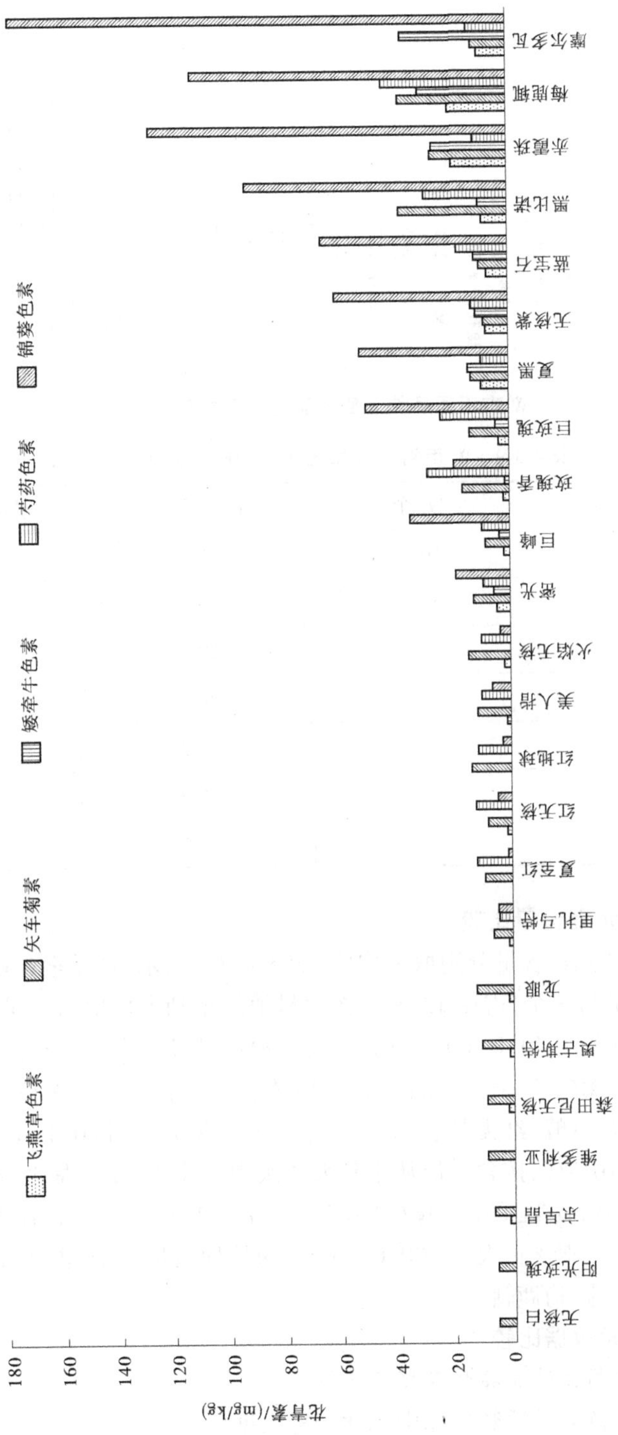

图 4-3-7　W 市不同品种葡萄样品花青素含量分析

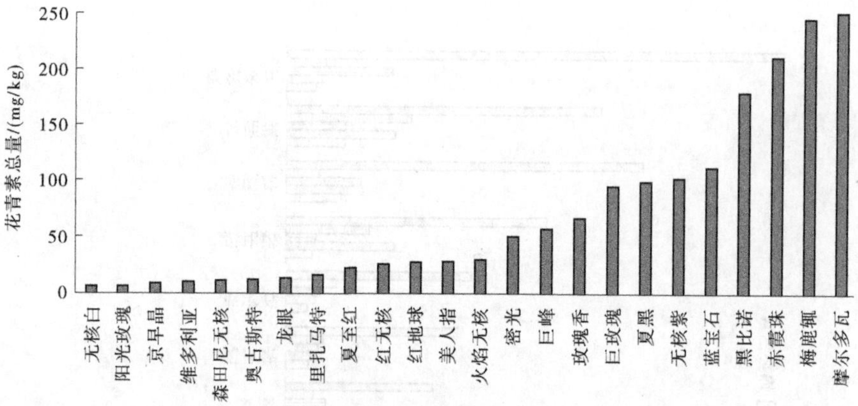

图 4-3-8　W 市不同品种葡萄样品花青素总量含量分析

表 4-3-9　W 市葡萄样品钙元素的概率分布

钙元素含量范围/(mg/kg)	个数/个	百分比/%	累积百分比/%
13. 7~30. 0	10	8. 6	8. 6
30. 1~60. 0	60	51. 7	60. 3
60. 1~90. 0	34	29. 3	89. 6
90. 1~120	6	5. 2	94. 8
121~150	2	1. 7	96. 5
151~180	1	0. 9	97. 4
181~198	3	2. 6	100. 0

4. 3. 9. 2　不同品种钙元素含量比较

24 个葡萄品种的钙元素含量分别取平均值，如图 4-3-9 所示，钙元素含量范围 20. 1~40. 0 mg/kg 的品种数量为 3 个，占比 12. 5%，按含量值从小到大依次为京早晶、森田尼无核、蓝宝石；钙元素含量范围 40. 1~60. 0 mg/kg 的品种数量最多为 13 个，占比 54. 2%，按含量值从小到大依次为无核紫、夏黑、无核白、红地球、维多利亚、火焰无核、夏至红、阳光玫瑰、美人指、里扎马特、巨峰、红无核、奥古斯特；钙元素含量范围 60. 1~80. 0 mg/kg 的品种数量为 4 个，占比 16. 7%，按含量值从小到大依次为巨玫瑰、玫瑰香、密光、龙眼；钙元素含量范围 80. 1~100. 0 mg/kg 的品种数量为 2 个，占比 8. 3%，按含量值从小到大依次为摩尔多瓦、黑比诺；钙元素含量大于 100. 0 mg/kg 的品种数量 2 个，占比 8. 3%，按含量值从小到大依次为赤霞珠、梅鹿辄。

4. 3. 9. 3　与不同数据库数据比较

1. 与我国现行标准葡萄营养品质数据库比较

我国现行标准葡萄营养品质数据库中无此指标数据。

2. 与全国名特优新葡萄营养品质数据库比较

全国名特优新葡萄营养品质数据库中钙元素的最高值为 180 mg/kg，最低值为 91

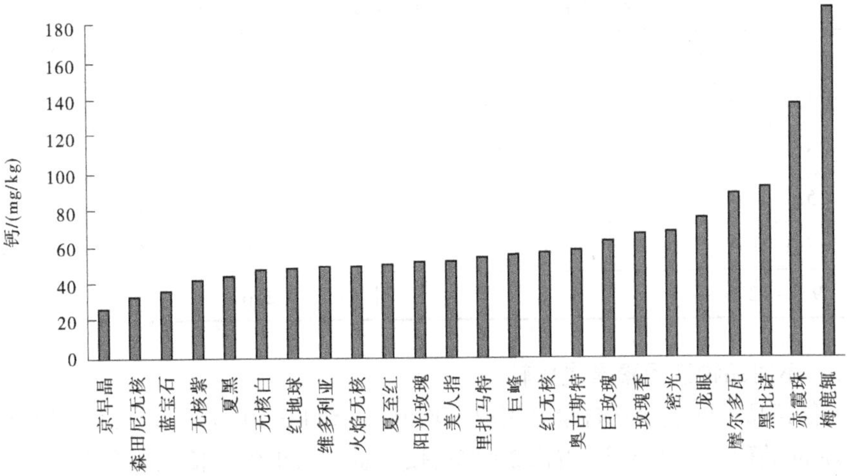

图 4-3-9 W 市不同品种葡萄样品钙元素含量分析

mg/kg,平均值为 128 mg/kg。W 市葡萄样品钙元素最高值为 198 mg/kg,最低值为 13.7 mg/kg,平均值为 59.8 mg/kg,3.4%的 W 市葡萄钙元素高于全国名特优新葡萄营养品质数据库平均值,所以 W 市葡萄钙元素含量略低于全国名特优新葡萄营养品质数据库。

3. 与中国食物成分表葡萄营养品质数据库比较

中国食物成分表葡萄营养品质数据库中,葡萄代表值的钙元素含量为 90 mg/kg,W 市葡萄样品钙元素最高值为 198 mg/kg,最低值为 13.7 mg/kg,平均值为 59.8 mg/kg,有 12 个 W 市葡萄样品的钙元素含量高于中国食物成分表葡萄营养品质数据库,占比 10.3%,说明 W 市葡萄样品钙元素含量普遍低于中国食物成分表葡萄营养品质数据库。

4. 与美国葡萄营养品质数据库比较

美国葡萄营养品质数据库中,葡萄代表值的钙元素含量为 100 mg/kg,W 市葡萄样品钙元素最高值为 198 mg/kg,最低值为 13.7 mg/kg,平均值为 59.8 mg/kg,有 7 个 W 市葡萄样品钙元素含量高于美国葡萄营养品质数据库,占比 6.0%,说明 W 市葡萄样品钙元素含量普遍低于美国葡萄营养品质数据库。

4.3.10 铁元素含量分析

4.3.10.1 整体分析

人体必需微量元素指人体需要量甚微,自身不能合成,但却有重要的生理功能,这一类微量元素必须靠食物和水供给。铁元素是一种生物必需的微量元素,主要功能是预防和治疗贫血。针对露地和设施共有的 4 个葡萄品种的铁元素分别进行方差分析,结果显示,露地和设施栽培葡萄的铁元素均无显著性差异。因此,以下将对 116 个葡萄样品统一进行比较分析(见表 4-3-10)。W 市葡萄样品铁元素平均值为 3.9 mg/kg,最高值为 12.6 mg/kg,最低值为 1.4 mg/kg。对其概率分布进行分析,铁元素含量范围为 3.1~5.0 mg/kg 的样品数量最多为 52 个,占比 44.8%;铁元素含量范围为 1.4~3.0 mg/kg 的样品数量为 45 个,占比 38.8%;铁元素含量范围为 1.4~7.0 mg/kg 的样品分布频率占整体的 94.8%。

表 4-3-10　W 市葡萄样品铁元素的概率分布

铁元素含量范围/(mg/kg)	个数/个	百分比/%	累积百分比/%
1.4~3.0	45	38.8	38.8
3.1~5.0	52	44.8	83.6
5.1~7.0	13	11.2	94.8
7.1~9.0	3	2.6	97.4
9.1~12.6	3	2.6	100.0

4.3.10.2　不同品种铁元素含量比较

24 个葡萄品种的铁元素含量分别取平均值,如图 4-3-10 所示,铁元素含量范围 2.0~3.0 mg/kg 的品种数量为 5 个,占比 20.8%,按含量值从小到大依次为夏至红、夏黑、美人指、巨玫瑰、里扎马特;铁元素含量范围 3.1~4.0 mg/kg 的品种数量最多为 12 个,占比 50.0%,按含量值从小到大依次为摩尔多瓦、阳光玫瑰、红地球、巨峰、蓝宝石、森田尼无核、维多利亚、奥古斯特、玫瑰香、红无核、密光、火焰无核;铁元素含量范围 4.1~5.0 mg/kg 的品种数量为 3 个,占比 12.5%,按含量值从小到大依次为京早晶、无核白、无核紫;铁元素含量大于 5.0 mg/kg 的品种数量为 4 个,占比 16.7%,按含量值从小到大依次为龙眼、赤霞珠、梅鹿辄、黑比诺。

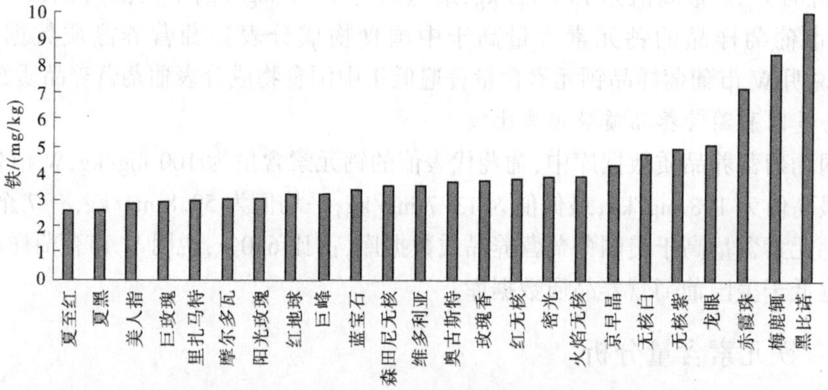

图 4-3-10　W 市不同品种葡萄样品铁元素含量分析

4.3.10.3　与不同数据库数据比较

1. 与我国现行标准葡萄营养品质数据库比较

我国现行标准葡萄营养品质数据库中无此指标数据。

2. 与全国名特优新葡萄营养品质数据库比较

全国名特优新葡萄营养品质数据库中铁元素的最高值为 21.2 mg/kg,最低值为 5.0 mg/kg,平均值为 8.5 mg/kg。W 市葡萄样品铁元素最高值为 12.6 mg/kg,最低值为 1.4 mg/kg,平均值为 3.9 mg/kg,2.6%的 W 市葡萄铁元素含量高于全国名特优新葡萄营养品质数据库平均值,所以 W 市葡萄铁元素含量普遍低于全国名特优新葡萄营养品质数据库。

3. 与中国食物成分表葡萄营养品质数据库比较

中国食物成分表葡萄营养品质数据库中,葡萄代表值的铁元素含量为 4.0 mg/kg,W 市葡萄样品铁元素最高值为 12.6 mg/kg,最低值为 1.4 mg/kg,平均值为 3.9 mg/kg,有 44 个 W 市葡萄样品的铁元素含量高于我国食品成分表葡萄代表值,占比 37.9%,稍低于中国食物成分表葡萄营养品质数据库。

4. 与美国葡萄营养品质数据库比较

美国葡萄营养品质数据库中,葡萄代表值的铁元素含量为 3.6 mg/kg,W 市葡萄样品铁元素最高值为 12.6 mg/kg,最低值为 1.4 mg/kg,平均值为 3.9 mg/kg,有 58 个 W 市葡萄样品铁元素含量高于美国葡萄营养品质数据库,占比 50.0%。

4.3.11　锌元素含量分析

4.3.11.1　整体分析

锌元素是一种生物必需的微量元素,主要功能是帮助身体生长和智力发育、提高免疫力。针对露地和设施共有的 4 个葡萄品种的锌元素分别进行方差分析,结果显示,露地和设施栽培葡萄的锌元素均无显著性差异。因此,以下将对 116 个葡萄样品统一进行比较分析(见表 4-3-11)。W 市葡萄样品锌元素平均值为 0.50 mg/kg,最高值为 1.30 mg/kg,最低值为 0.15 mg/kg。对其概率分布进行分析,锌元素含量范围为 0.31~0.45 mg/kg 的样品数量最多为 45 个,占比 38.8%;锌元素含量范围为 0.46~0.60 mg/kg 的样品数量为 44 个,占比 37.9%;锌元素含量范围为 0.15~0.75 mg/kg 的样品分布频率占整体的 96.6%。

表 4-3-11　W 市葡萄样品锌元素的概率分布

锌元素含量范围/(mg/kg)	个数/个	百分比/%	累积百分比/%
0.15~0.30	8	6.9	6.9
0.31~0.45	45	38.8	45.7
0.46~0.60	44	37.9	83.6
0.61~0.75	12	10.3	93.9
0.76~0.90	1	0.9	94.8
0.91~1.05	2	1.7	96.6
1.06~1.30	4	3.4	100.0

4.3.11.2　不同品种锌元素含量比较

24 个葡萄品种的锌元素含量分别取平均值,如图 4-3-11 所示,锌元素含量范围 0.37~0.40 mg/kg 的品种数量为 4 个,占比 16.7%,按含量值从小到大依次为夏黑、阳光玫瑰、森田尼无核、红无核;锌元素含量范围 0.41~0.50 mg/kg 的品种数量最多为 11 个,占比 45.8%,按含量值从小到大依次为红地球、蓝宝石、龙眼、奥古斯特、无核紫、里扎马特、京早晶、美人指、巨峰、维多利亚、火焰无核；锌元素含量范围 0. 51~0. 60 mg/kg 的品种数量为 5 个，占比 20. 8%，按含量值从小到大依次为无核白、夏至红、玫瑰香、巨玫瑰、密光；锌元素含量大于 0. 60 mg/kg 的品种数量 4 个，占比 16. 7%，按含量值从小到大依次为摩尔多瓦、黑比诺、赤霞珠、梅鹿辄。

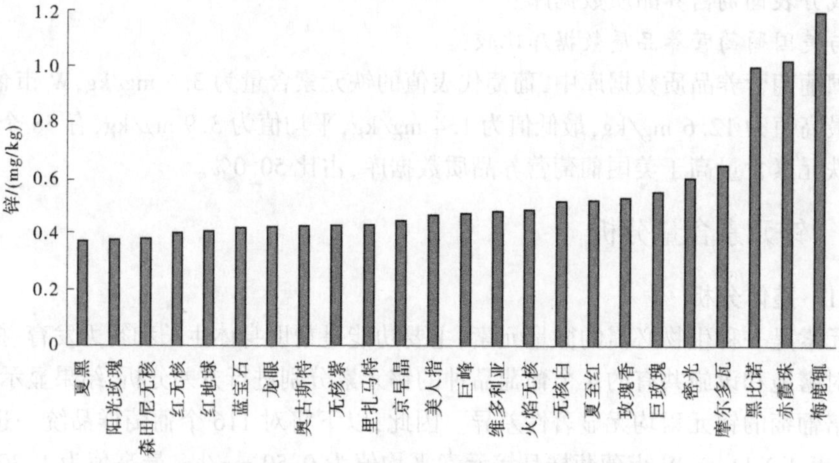

图 4-3-11　W 市不同品种葡萄样品锌元素含量分析

4. 3. 11. 3　与不同数据库数据比较

1. 与我国现行标准葡萄营养品质数据库比较

我国现行标准葡萄营养品质数据库中无此指标数据。

2. 与全国名特优新葡萄营养品质数据库比较

全国名特优新葡萄营养品质数据库中仅有一个葡萄产品检测锌元素，含量为 7. 43 mg/kg。W 市葡萄样品锌元素最高值为 1. 30 mg/kg，最低值为 0. 15 mg/kg，平均值为 0. 50 mg/kg，整体低于全国名特优新葡萄营养品质数据库。

3. 与中国食物成分表葡萄营养品质数据库比较

中国食物成分表葡萄营养品质数据库中，葡萄代表值的锌元素含量为 1. 60 mg/kg，W 市葡萄样品锌元素最高值为 1. 30 mg/kg，最低值为 0. 15 mg/kg，平均值为 0. 50 mg/kg，整体低于中国食物成分表葡萄营养品质数据库。

4. 与美国葡萄营养品质数据库比较

美国葡萄营养品质数据库中，葡萄代表值的锌元素含量为 0. 70 mg/kg，W 市葡萄样品锌元素最高值为 1. 30 mg/kg，最低值为 0. 15 mg/kg，平均值为 0. 50 mg/kg，有 12 个 W 市葡萄样品锌元素含量高于美国葡萄营养品质数据库，占比 10. 3%。

4. 3. 12　硒元素含量分析

4. 3. 12. 1　整体分析

硒元素是一种生物必需的微量元素，主要功能是提高免疫力，抗癌、抗氧化。针对露地和设施共有的 4 个葡萄品种的硒元素分别进行方差分析，结果显示，露地和设施栽培葡萄的硒元素均无显著性差异。因此，以下将对 116 个葡萄样品统一进行比较分析（见

表 4-3-12）。W 市葡萄样品硒元素有 52 个样品未检出（检出限为 0.002 mg/kg），有 59 个样品小于定量限（定量限为 0.006 mg/kg），只有 5 个样品硒元素有检出，最高值为 0.010 mg/kg，最低值为 0.006 8 mg/kg，平均值为 0.008 8 mg/kg，这 5 个样品品种为梅鹿辄、玫瑰香、赤霞珠（2 个）和黑比诺。

表 4-3-12　W 市葡萄样品硒元素的概率分布

硒元素含量范围/（mg/kg）	个数/个	百分比/%	累积百分比/%
<检出限（0.002）	52	44.8	44.8
<定量限（0.006）	59	50.9	95.7
0.006 8～0.010	5	4.3	100.0

4.3.12.2　与不同数据库数据比较

1. 与我国现行标准葡萄营养品质数据库比较

我国现行标准葡萄营养品质数据库中无此指标数据。

2. 与全国名特优新葡萄营养品质数据库比较

全国名特优新葡萄营养品质数据库葡萄产品硒元素最高值为 0.05 mg/kg，最低值为 0.006 mg/kg，平均值为 0.018 mg/kg。W 市葡萄样品硒元素检出样品最高值为 0.010 mg/kg，最低值为 0.006 8 mg/kg，平均值为 0.008 8 mg/kg，整体低于全国名特优新葡萄营养品质数据库。

3. 与中国食物成分表葡萄营养品质数据库比较

中国食物成分表葡萄营养品质数据库中，葡萄代表值的硒元素含量为 0.001 1 mg/kg，小于方法检出限，所以不能提取为参考值进行比较。

4. 与美国葡萄营养品质数据库比较

美国葡萄营养品质数据库中，葡萄代表值的硒元素含量为 0.001 mg/kg，小于方法检出限，所以不能提取为参考值进行比较。

4.4　W 市葡萄营养品质综合评价

4.4.1　葡萄主要营养成分组成

人体所必需的营养素有蛋白质、脂肪、糖、矿物质、维生素、水和纤维素 7 类，还包含许多非必需营养素。葡萄中脂肪、蛋白质和纤维素含量极低，不是人体摄入这 3 类营养素的主要来源。W 市葡萄样品共检测 10 个营养品质指标，其中总糖和矿质元素钙、铁、锌、硒及维生素 C 是必需营养素，总酸、多酚和花青素是非必需营养素，而维生素 C、多酚和花青素具有一定的生理活性，又属于功能性物质。可溶性固形物指包括可溶性糖、酸、维生素、矿物质等含量的总和，是评价果品品质的重要指标，所以 W 市葡萄样品（除去水分，水分含量一般为 80%左右）主要营养物质组成（均以平均值计）是可溶性固形物，含量约为 21.4%，其次是多酚（1 200 mg/kg）和花青素（55.41 mg/kg）（见图 4-4-1）。可溶性固形物中成分含量最高的是总糖(17.06%),其次是总酸(0.52%),二者累积占可溶性固形物比重约为82%,再次是矿质元素(钙59.8 mg/kg、铁3.9 mg/kg、锌0.50 mg/kg)和维生素C(4.36 mg/100 g)。

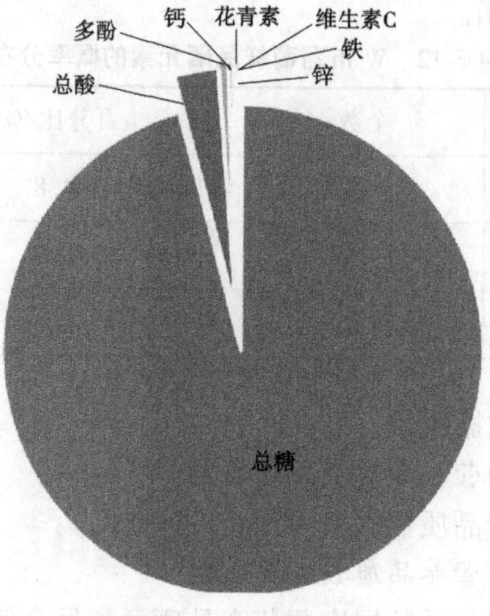

图4-4-1 W市葡萄可溶性固形物所含成分占比分析

4.4.2 W市葡萄营养品质优势分析

4.4.2.1 优势指标

1. W市葡萄可溶性固形物含量高

我国现行标准葡萄营养品质数据库中可溶性固形物的含量最高值为23%,最低值为14%,平均值为17.6%。全国名特优新葡萄营养品质数据库中可溶性固形物的最高值为24%,最低值为14.2%,平均值为18.2%。而W市葡萄样品最高值可达28.4%,最低值为15.5%,平均值为21.4%,分别有93.1%和92.2%的W市葡萄样品可溶性固形物含量超过我国现行标准营养品质数据库平均值和全国名特优新葡萄营养品质数据库平均值。W市葡萄可溶性固形物含量整体高于我国现行标准营养品质数据库和全国名特优新葡萄营养品质数据库。

2. W市葡萄总糖含量高

我国现行标准葡萄营养品质数据库中总糖的含量最高值为16.00%,最低值为10.50%,平均值为14.10%。全国名特优新葡萄营养品质数据库中总糖的最高值为18.80%,最低值为15.20%,平均值为16.54%。而W市葡萄样品最高值可达23.25%,最低值为11.25%,平均值为17.06%,分别有89.7%和55.2%的W市葡萄样品总糖含量超过我国现行标准营养品质数据库平均值和全国名特优新葡萄营养品质数据库平均值。W市葡萄总糖含量整体高于我国现行标准葡萄营养品质数据库和全国名特优新葡萄营养品质数据库。

3. W市葡萄总酸含量适中

我国现行标准葡萄营养品质数据库中总酸的含量最高值为0.75%,最低值为

0.30%，平均值为0.54%。全国名特优新葡萄营养品质数据库中总酸的最高值为0.70%，最低值为0.25%，平均值为0.40%。W市葡萄总酸最高值为0.93%，最低值为0.24%，平均值为0.52%，94.0%的葡萄样品总酸含量与我国现行标准葡萄营养品质数据库整体相符，75.9%的葡萄样品总酸含量高于名特优新营养数据平均值，低于最高值，说明W市葡萄在总酸含量适中的情况下，没有呈现整体低酸或者整体高酸的现象，酸含量分布范围较为平均。

4. W 市葡萄固酸比较高

我国现行标准葡萄营养品质数据库中固酸比最高值为77，最低值为20，平均值为35。全国名特优新葡萄营养品质数据库中固酸比的最高值为75，最低值为28，平均值为51。W市葡萄样品固酸比最高值达80，最低值为21，平均值为44，分别有74.1%和25%的样品固酸比高于我国现行标准葡萄营养品质数据库平均值和全国名特优新葡萄营养品质数据库平均值，说明W市葡萄固酸比整体高于我国现行标准葡萄营养品质数据库，稍低于全国名特优新葡萄营养品质数据库。固酸比值是可溶性固形物含量和总酸含量的比值，因为W市葡萄总糖含量总体偏高，总酸含量呈含量适中分布均匀，所以固酸比既有高值，又有中值，体现了W市葡萄既有高糖低酸的类型，也有高糖中酸的类型，味道不单一，滋味更丰富。

5. 维生素 C 含量符合一般葡萄代表值

全国名特优新葡萄营养品质数据库中维生素C的最高值为17.4 mg/100 g，最低值为3.50 mg/100 g，平均值为6.79 mg/100 g；中国食物成分表葡萄营养品质数据库中，葡萄代表值的维生素C含量为4.00 mg/100 g；美国葡萄营养品质数据库中，葡萄代表值的维生素C含量为3.20 mg/100 g。W市葡萄样品维生素C含量最高值为8.58 mg/100 g，最低值为1.90 mg/100 g，平均值为4.36 mg/100 g，有6.0%葡萄样品高于全国名特优新葡萄营养品质数据库，分别有60.3%和75.9%的W市葡萄样品维生素C含量高于中国食物成分表葡萄营养品质数据库和美国葡萄营养品质数据库。

6. W 市葡萄花青素含量丰富

全国名特优新葡萄营养品质数据库中花青素的平均值为134 mg/kg；W市葡萄样品中，品种特性为黑紫色果皮的样品数计36个，其中有47.2%样品花青素含量高于全国名特优新葡萄营养品质数据库。W市葡萄品种多样，果皮颜色涵盖黄绿色、红色、紫色、黑色等多种色系，根据果皮颜色不同，花青素种类从2种到5种逐渐增多，含量随之升高，尤其紫黑色葡萄的花青素含量居水果前列。

7. W 市酿酒葡萄多酚含量较高，鲜食葡萄多酚含量较低

全国名特优新葡萄营养品质数据库中多酚较低含量值为1 940 mg/kg。W市葡萄样品多酚平均值为1 200 mg/kg，最高值为5 270 mg/kg，最低值为209 mg/kg，其中有11.2%的样品多酚含量高于全国名特优新葡萄营养品质数据库，含量高的样品品种多为酿酒品种。所以，对于鲜食品种来说，多酚含量较低，涩味相对少，食用口感更佳。

4.4.2.2　非优势指标

1. W 市葡萄钙元素含量较低

全国名特优新葡萄营养品质数据库中钙元素的最高值为180 mg/kg，最低值为91

mg/kg，平均值为 128 mg/kg；中国食物成分表葡萄营养品质数据库中，葡萄代表值的钙元素含量为 90 mg/kg；美国葡萄营养品质数据库中，葡萄代表值的钙元素含量为 100 mg/kg。W 市葡萄样品钙元素最高值为 198 mg/kg，最低值为 13.7 mg/kg，平均值为 59.8 mg/kg，分别有 3.4%、10.3%和 6.0%的样品高于全国名特优新葡萄营养品质数据库、中国食物成分表葡萄营养品质数据库和美国葡萄营养品质数据库。

2. W 市葡萄铁元素含量较低

全国名特优新葡萄营养品质数据库中铁元素的最高值为 21.2 mg/kg，最低值为 5.0 mg/kg，平均值为 8.5 mg/kg；中国食物成分表葡萄营养品质数据库中，葡萄代表值的铁元素含量为 4.0 mg/kg；美国葡萄营养品质数据库中，葡萄代表值的铁元素含量为 3.6 mg/kg。W 市葡萄样品铁元素最高值为 12.6 mg/kg，最低值为 1.4 mg/kg，平均值为 3.9 mg/kg，分别有 2.6%、37.9%和 50.0%的样品铁元素含量高于全国名特优新葡萄营养品质数据库、中国食物成分表葡萄营养品质数据库和美国葡萄营养品质数据库。

3. W 市葡萄锌元素含量较低

全国名特优新葡萄营养品质数据库中仅有一个葡萄产品检测出锌元素，含量为 7.43 mg/kg；中国食物成分表葡萄营养品质数据库中，葡萄代表值的锌元素含量为 1.60 mg/kg；美国葡萄营养品质数据库中，葡萄代表值的锌元素含量为 0.70 mg/kg。W 市葡萄样品锌元素最高值为 1.30 mg/kg，最低值为 0.15 mg/kg，平均值为 0.50 mg/kg，整体低于全国名特优新葡萄营养品质数据库和中国食物成分表葡萄营养品质数据库，有 10.3%的样品高于美国葡萄营养品质数据库。

4. W 市葡萄硒元素检出率低

全国名特优新葡萄营养品质数据库硒元素最高值为 0.05 mg/kg，最低值为 0.006 mg/kg，平均值为 0.018 mg/kg。4.3%W 市葡萄样品硒元素有检出值，检出样品最高值为 0.010 mg/kg，最低值为 0.006 8 mg/kg，平均值为 0.008 8 mg/kg，整体低于全国名特优新葡萄营养品质数据库。

4.4.2.3 品种综合排名

1. 依据固酸比值结果

固酸比是评价葡萄果实风味的最佳指标。以固酸比值为基础依据，参考全国名特优新葡萄营养品质数据库固酸比平均值(51)、最大值(75)和最小值(28)，把 24 个品种分为 4 种类型：

(1) 固酸比>51 即为高甜型，品种依次为阳光玫瑰、京早晶、夏至红、里扎马特、维多利亚。

(2) 固酸比范围为 40~51 即为高甜低酸型品种，依次为夏黑、无核白、火焰无核、奥古斯特、无核紫、红无核、红地球、密光、玫瑰香。

(3) 固酸比范围为 28~39 即为高甜中酸型品种，依次为梅鹿辄、森田尼无核、赤霞珠、巨玫瑰、黑比诺、美人指、巨峰、蓝宝石。

(4) 固酸比<28 即为高甜高酸型品种，为摩尔多瓦和龙眼。

2. 依据感官评价结果

根据感官评价的综合评分可知：

(1)赤霞珠、黑比诺和梅鹿辄等酿酒品种综合评价为优。

(2)鲜食葡萄品种中阳光玫瑰、巨玫瑰、玫瑰香、夏黑、巨峰等品种综合评价为优,原因一是固酸比高,滋味酸甜可口,二是这几个品种都具有香气物质,葡萄香味浓郁。

(3)红地球、美人指、维多利亚、无核紫、森田尼无核、里扎马特、红无核、火焰无核、京早晶、无核白等品种综合感官评价优良,这些品种的葡萄样品滋味酸甜可口,但是受香气物质缺少、外观整齐度欠佳和成熟度不一致等情况的影响,评分稍低。

(4)蓝宝石、密光、奥古斯特、摩尔多瓦、夏至红、龙眼等品种评价为良,主要原因是个别品种酸度偏高影响口感或者外观不好影响商品性。

3. 鲜食葡萄品种综合评价结果

综合固酸比和感官评价结果:

(1)阳光玫瑰、巨玫瑰、玫瑰香、夏黑、巨峰等具有香味的品种综合品质最好。

(2)红地球、美人指、维多利亚、无核紫、森田尼无核、里扎马特、红无核、火焰无核、京早晶、无核白等品种综合品质较好。

(3)蓝宝石、密光、奥古斯特、夏至红等品种综合品质一般。

(4)摩尔多瓦、龙眼等品种综合品质较差。

4.5　W 市特色葡萄形成原因分析

4.5.1　W 市葡萄的生长环境

(1)昼夜温差大、土质保水性弱、葡萄含糖量高。

W 市具有典型的大陆性气候,干旱少雨,日照时间长,昼夜温差大。W 市土地大多为沙土,保水保墒性能不好,这样的生长环境造就了 W 市葡萄含糖量高的特点,这是 W 市葡萄好吃的重要因素。

(2)肥料施用少,土质保墒性弱、矿质元素含量低。

采样过程中调查发现,因为土质保墒性能较差,生长期肥料的利用率不佳,一些葡萄园一年只施用一两次肥料,所以,W 市葡萄的矿质元素的含量不高,可能跟施肥少或者肥料利用率不高有关。

4.5.2　W 市葡萄的种植管理

(1)多数果园管理较粗放,果实外观性欠佳。

采样中调查发现,少数葡萄园管理较精细,多数葡萄园管理粗放,此次采集的 116 个 W 市葡萄样品,有 30%左右的样品果穗整齐度欠佳,果穗或果粒成熟度欠一致,所以商品性或者精品果率会受到一定影响。

(2)多数果园不进行植物生长调节剂调控,果实风味好。

采样中发现,多数果园没有使用植物生长调节剂,趋向自然生长的葡萄果粒大小适中不变形,果实保留了品种固有的风味,尤其是有香型品种,香味非常浓郁。

4.5.3 W 市葡萄的销售特点

W 市葡萄种植的品种较多，很多果园销售时把不同颜色或者不同风味的品种混合搭配在一个包装箱内，相当于不同品种的价格统一，消费者购买一箱就能品尝到多种风味的葡萄，可以满足消费者不同的口味需要，这样的销售方式非常具有特色。丰富多样的优质葡萄与混搭的销售方式结合，没有促使针对某一个或者某几个品种加大力度发展，避免葡萄产业走进品种单一，成熟期一致，供大于求滞销的困境。

4.6 葡萄营养品质评价小结

通过我国葡萄产品营养品质现行标准、全国名特优新农产品葡萄产品、中国食品成分表和美国食品成分表的营养成分数据的搜索、收集和整理，确定了我国现行标准葡萄营养品质数据库（ZZGG02-01）、全国名特优新葡萄营养品质数据库（ZZGG02-02）、中国葡萄营养品质数据库（ZZGG02-03）和美国葡萄营养品质数据库（ZZGG02-04）等 4 个葡萄营养品质数据库作为 W 市葡萄营养品质比对数据。根据比对分析结果，W 市葡萄具有 7 大特点：

（1）W 市葡萄可溶性固形物含量高。

W 市葡萄可溶性固形物最高值可达 28.4%，最低值为 15.5%，平均值为 21.4%，分别有 93.1%和 92.2%的样品可溶性固形物含量超过我国现行标准葡萄营养品质数据库平均值和全国名特优新葡萄营养品质数据库平均值。

（2）W 市葡萄总糖含量高。

W 市葡萄总糖含量最高值可达 23.25%，最低值为 11.25%，平均值为 17.06%，分别有 89.7%和 55.2%的样品总糖含量超过我国现行标准葡萄营养品质数据库平均值和全国名特优新葡萄营养品质数据库平均值。

（3）W 市葡萄总酸含量适中。

W 市葡萄总酸含量最高值为 0.93%，最低值为 0.24%，平均值为 0.52%，有 94.0%的样品总酸含量与我国现行标准葡萄营养品质数据库整体相符；有 75.9%的样品总酸含量高于全国名特优新葡萄营养品质数据库平均值，低于最高值。W 市葡萄在总酸含量适中的情况下，没有呈现整体低酸或者整体高酸的现象，酸含量分布范围较为平均。

（4）W 市葡萄固酸比较高。

W 市葡萄样品固酸比最高值达 80，最低值为 21，平均值为 44，分别有 74.1%和 25%的样品固酸比高于我国现行标准葡萄营养品质数据库平均值和全国名特优新葡萄营养品质数据库平均值，说明 W 市葡萄固酸比整体高于我国现行标准葡萄营养品质数据库，稍低于全国名特优新葡萄营养品质数据库。因为 W 市葡萄总糖含量总体偏高，总酸含量适中，分布均匀，所以固酸比值既有高值，又有中值，体现了 W 市葡萄既有高糖低酸的类型，也有高糖中酸的类型，味道不单一，滋味更丰富。

（5）维生素 C 含量符合一般葡萄代表值。

W 市葡萄样品维生素 C 含量最高值为 8.58 mg/100 g，最低值为 1.90 mg/100 g，平均值为4.36 mg/100 g,有6.0%的样品高于全国名特优新葡萄营养品质数据库平均值;分别有60.3%和75.9%的样品维生素C含量高于中国食物成分表葡萄营养品质数据库和美国葡萄营养品质数据库。

(6)W市葡萄花青素含量丰富。

品种特性为黑紫色果皮W市葡萄样品中,其中有47.2%的样品花青素含量高于全国名特优新葡萄营养品质数据库平均值。W市葡萄品种多样,果皮颜色涵盖黄绿色、红色、紫色、黑色等多种色系,根据果皮颜色不同,花青素种类从2种到5种逐渐增多,含量随之升高,尤其紫黑色葡萄的花青素含量居水果前列。

(7)W市葡萄酿酒葡萄多酚含量较高,鲜食葡萄多酚含量较低。

W市葡萄样品多酚含量平均值为1 200 mg/kg,最高值为5 270 mg/kg,最低值为209 mg/kg,有11.2%的样品多酚含量高于全国名特优新葡萄营养品质数据库平均值,含量高的样品品种多为酿酒品种,所以,对于鲜食品种来说,多酚含量较低,涩味相对少,食用口感更佳。

通过感官和七大特点分析,W市鲜食葡萄品种的综合排序为:阳光玫瑰、巨玫瑰、玫瑰香、夏黑、巨峰等具有香味的品种综合品质最好;红地球、美人指、维多利亚、无核紫、森田尼无核、里扎马特、红无核、火焰无核、京早晶、无核白等品种综合品质较好;蓝宝石、密光、奥古斯特、夏至红等品种综合品质一般;摩尔多瓦、龙眼等品种综合品质相对较差。

参考文献

[1] 杨月欣. 中国食物成分表标准版(第一册)[M]. 6 版. 北京:北京大学医学出版社,2018.
[2] 高红霞,王喜宽,张青,等. 内蒙古河套地区土壤背景值特征[J]. 地质与资源,2007(3):209-212.
[3] 中华人民共和国农业农村部. 绿色食品 产地环境质量:NY/T 391—2021[S]. 北京:中国标准出版社,2021.
[4] 中华人民共和国农业农村部. 绿色食品 产地环境调查、监测与评价规范:NY/T 1054—2021[S]. 北京:中国标准出版社,2021.
[5] 中华人民共和国农业农村部. 葡萄产地环境技术条件:NY/T 857—2004[S]. 北京:中国标准出版社,2005.
[6] 中华人民共和国农业农村部. 茶叶产地环境技术条件:NY/T 853—2004[S]. 北京:中国标准出版社,2004.
[7] 中华人民共和国生态环境部, 国家市场监督管理总局. 土壤环境质量农用地土壤污染风险管控标准(试行):GB 15618—2018[S]. 北京:中国标准出版社,2018.
[8] 中华人民共和国国家卫生健康委员会,国家市场监督管理总局. 食品安全国家标准 食品中污染物限量:GB 2762—2022[S]. 北京:中国标准出版社,2022.
[9] 中国环境保护局,中国环境监测总站. 中国土壤元素背景值[M]. 北京:中国环境科学出版社,1990.
[10] 中国环境保护局,中国环境监测总站. 中华人民共和国土壤环境背景值图集[M]. 北京:中国环境科学出版社,1994.